21 世纪全国高职高专机电系列技能型规划教材·电气自动化类

单片机技术及应用

黄贻培　焦　键　钱　游　主　编

郑雪娇　吕值敏　副主编

U0316288

北京大学出版社

PEKING UNIVERSITY PRESS

内 容 简 介

本书以 AT89C51 系列单片机为基础，详细而全面地介绍单片机的应用技术。

全书共 8 个项目，分别为：单片机广告灯设计、单片机抢答器设计、汽车左右转向灯设计、单片机热释电声光报警系统设计、单片机秒表设计、单片机简易病床呼叫系统设计、基于 4×4 矩阵式键盘识别显示电路的电子钢琴设计、单片机温度采集系统。每个项目后附有习题，同时每个项目都有配套 Proteus 仿真实例。

本书既可作为高职高专院校和成人教育学院计算机类和机电相关专业的单片机教材，也可以供科研人员、从事单片机的应用与产品开发等相关工作的工程技术人员和单片机爱好者参考使用。

图书在版编目(CIP)数据

单片机技术及应用/黄贻培，焦键，钱游主编 .—北京：北京大学出版社，2014.7
(21 世纪全国高职高专机电系列技能型规划教材·电气自动化类)
ISBN 978-7-301-24281-0

Ⅰ.①单… Ⅱ.①黄… ②焦… ③钱… Ⅲ.①单片微型计算机—高等职业教育—教材 Ⅳ.①TP368.1

中国版本图书馆 CIP 数据核字(2014)第 111502 号

书　　　名：单片机技术及应用
著作责任者：黄贻培　焦　键　钱　游　主编
策 划 编 辑：邢　琛
责 任 编 辑：李娉婷
标 准 书 号：ISBN 978-7-301-24281-0/TP · 1335
出 版 发 行：北京大学出版社
地　　　址：北京市海淀区成府路 205 号　　100871
网　　　址：http://www.pup.cn　　新浪官方微博:@北京大学出版社
电 子 信 箱：pup_6@163.com
电　　　话：邮购部 62752015　发行部 62750672　编辑部 62750667　出版部 62754962
印 刷 者：北京富生印刷厂
经 销 者：新华书店
　　　　　　787 毫米×1092 毫米　 16 开本　 14.5 印张　 335 千字
　　　　　　2014 年 7 月第 1 版　　 2014 年 7 月第 1 次印刷
定　　　价：30.00 元

前　言

在教育部新一轮职业教育教学改革进程中，来自高等职业院校教学工作一线的骨干教师和学科带头人，通过社会调研，对市场人才需求进行分析与研究，在企业相关人员积极参与下，研发出了电子信息工程专业人才培养方案，并制定了核心课程标准。本书是根据最新制定的"单片机原理及实践核心课程标准"编写而成的，是电子信息工程专业的专业核心课程。

本书是编者在多年的单片机教学研究和工程实践基础上参阅相关资料编写而成，从内容上，全面阐述了 AT89C51 单片机的硬件结构和指令系统，介绍了外围接口技术应用，并介绍了单片机应用系统设计的一般方法和步骤及常用的开发工具；力求反映近年来单片机应用及教学领域的新发展和新趋势。

编者通过对目前单片机原理及应用教材存在的主要问题进行分析，构建了本书。本书以突出高职教育实践为特点，以贴近市场、贴近教师、贴近学生为原则，以课程标准为依据，以工作过程为导向，以工作任务分析为前提，以职业能力为培养目标，具有鲜明的高职特色。本书最大特色在于，作为一本项目式教材，通用性和移植性很强，没有强调依赖任何特定单片机开发平台，借助于 Proteus 仿真软件，由浅入深地介绍了 8 个项目，每个项目都涉及了单片机原理相关知识，成功将单片机相关知识分解到相关项目中。每个项目有配套电路和源码，便于学生搭建具体电路。

本书由重庆科创职业学院黄贻培、焦键、钱游担任主编，郑雪娇、吕值敏担任副主编，由黄贻培统稿。重庆科创职业学院实验中心的老师参与了实验项目的验证，在此对他们表示衷心的感谢！

由于编者水平有限，书中难免存在不足之处，恳请广大读者批评指正。

编　者
2014 年 2 月

目录
CONTENTS

项目 **1**

单片机广告灯设计

📖 学习目标

1. 了解单片机的概念、发展历程。
2. 掌握单片机的特点及应用领域。
3. 熟悉单片机开发软件。
4. 熟悉单片机开发软件的级联使用。
5. 掌握单片机点亮发光二极管的基本原理。

📖 学习任务

1.1　项目任务

夜幕降临后,城市中闪烁着各式各样的霓虹灯、广告牌,看起来非常绚丽,为夜幕中的城市增添了不少亮丽色彩。其实这些霓虹灯的工作原理和单片机控制流水灯是一样的。

什么是流水灯?流水灯就是一组灯,在单片机的控制下按照设定的顺序和时间点亮和熄灭,这样就能形成一定的视觉效果。很多店面和招牌上面都安装了流水灯,使其看上去更美观。

如何实现图 1-1 所示的广告灯呢?下面首先介绍,如何使用单片机如何点亮一个普通的发光二极管。在用单片机点亮一只发光二极管(Light Emitting Diode,LED)时,这个 LED 必须要和单片机的某个引脚相连,否则单片机就无法控制它了,那么应和哪个引脚相连呢?此处将这个 LED 和 1 脚相连。如图 1-2 所示,其中 $R2$ 是限流电阻。

图 1-1　生活中的广告灯

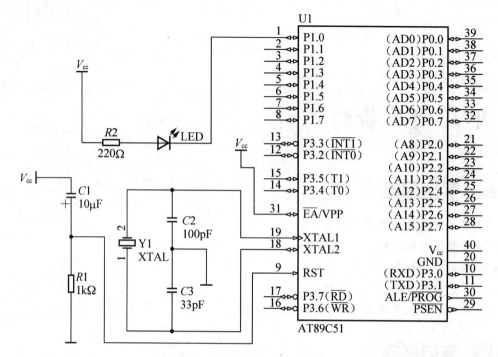

图 1-2　点亮一个发光二极管电路

　　按照图 1-2 的接法，当 1 脚是高电平时，LED 不亮，只有 1 脚是低电平时，LED 才发亮。因此要能够控制 1 脚，即能够让 1 引脚按要求变为高或低电平。既然要控制 1 脚，那么就要为它命名。设计 51 芯片的英特尔公司已经规定它为 P1.0，这是规定，不可以随意更改。只要控制 P1.0 的高低电平，就可以控制该 LED 的亮灭了。

　　在了解了如何点亮一个 LED 后，再明确下本项目的任务：循环点亮 8 个 LED，从 LED1 依次亮到 LED8，再从 LED8 依次亮到 LED1，如此循环，该如何实现呢？

1.2　任务流程图

　　本项目的具体学习过程如图 1-3 所示。

环境设备

　　学习所需工具、设备见表 1-1。

表 1-1　工具、设备清单

分类	序号	名称	型号规格	数量	单位	备注
工具	1	万用表		1	块	
	2	电烙铁		1	只	
	3	焊锡丝		若干	米	
	4	直流稳压电源		1	台	

续表

序号	分类	名称	型号规格	数量	单位	备注
	5	烧写器		1	台	
工具	6	导线		若干	条	
	7	万用板		1	块	
	1	IC 芯片	AT89C51	1	片	
	2	瓷片电容	30pF	2	只	
	3	晶振	12MHz	1	只	
设备	4	电解电容	$10\mu F/25V$	1	只	
	5	电阻	$10k\Omega(1/4W)$	1	只	
	6	电阻	220Ω	8	只	
	7	LED	$\phi 3$	8	只	

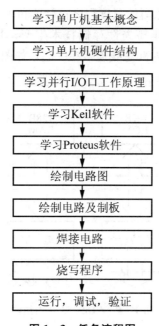

图 1-3 任务流程图

 背景知识

1.3 单片机的概念

1946 年，第一台电子数字计算机(ENIAC)问世，标志着计算机时代的到来。匈牙利籍数学家冯·诺依曼提出的"程序存储"和"二进制运算"思想，构建了计算机的组成结构。其组成包括运算器、控制器、存储器、输入设备、输出设备等。

单片机是采用超大规模集成电路技术把具有数据处理能力的中央处理器(CPU)、随机存储器(RAM)、只读存储器(ROM)、多种I/O口和中断系统、定时器/计数器等(可能还包括显示驱动电路、脉宽调制电路、模拟多路转换器、A/D转换器等电路)集成到一块硅片上构成的一个小而完善的计算机系统。此芯片为单片微型计算机(Single Chip Microcomputer),简称单片机。

单片机也被称为微控制器(Microcontroller),因为它最早被用在工业控制领域。本系统中,核心控制器件是单片机。

1.4 单片机硬件结构

AT89C51是美国Atmel公司生产的AT89系列单片机中的一种,它是一种低电压、高性能CMOS 8位单片机,与MCS-51系列的许多机种都具有兼容性,并具有广泛的代表性。下面先介绍AT89C51的硬件结构和CPU的工作原理。

1.4.1 单片机内部资源

其片内含有4KB的可反复擦写的只读程序存储器和128B的随机存取数据存储器,器件采用Aemel公司的高密度、非易失性存储技术生产,片内置通用8位中央处理器和Flash存储单元。各功能部件由内部总线连接在一起,如图1-4所示。

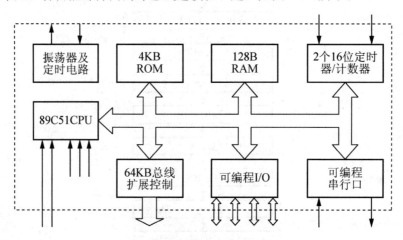

图1-4 AT89C51片内结构

1. CPU

CPU是单片机的核心部件。它由运算器和控制器等部件组成。

1) 运算器

运算器的功能是进行算术运算和逻辑运算。可以对半字节(4位)、单字节等数据进行操作。例如,能完成加、减、乘、除、加1、减1、BCD码十进制调整、比较等算术运算和与、或、异或、求补、循环等逻辑操作,操作结果的状态信息送至状态寄存器。

AT89C51运算器还包含有一个布尔处理器,用来处理位操作。它是以进位标志位C为累加器的,可执行置位、复位、取反、等于1转移、等于0转移、等于1转移且清零,以及进位标志位与其他可寻址的位之间进行数据传送等位操作。也能使进位标志位与其他可位寻址的位之间进行逻辑与、或操作。

2）程序计数器 PC

程序计数器 PC 用来存放即将执行的指令地址，共 16 位，可对 64KB 程序存储器直接寻址。执行指令时，PC 内容的低 8 位经 P0 口输出，高 8 位经 P2 口输出。

3）指令寄存器

指令寄存器中存放指令代码。CPU 执行指令时，将从程序存储器中读取的指令代码送入指令寄存器，经译码后由定时与控制电路发出相应的控制信号，完成指令功能。

4）定时与控制部件

AT89C51 片内有两个 16 位的定时/计数器：定时/计数器 0 和定时/计数器 1。它们分别由 8 位寄存器组成，即 T_0 由 TH_0(高 8 位)和 TL_0(低 8 位)构成，同样 T_1 由 TH_1(高 8 位)和 TL_1(低 8 位)组成。

2. 时钟电路

AT89C51 片内设有一个由反向放大器构成的振荡电路，XTAL1 和 XTAL2 分别为振荡电路的输入端和输出端，时钟可以由内部方式或外部方式产生。内部方式时钟电路如图 1-5 所示。在 XTAL1 和 XTAL2 引脚上外接定时元件，内部振荡电路就产生自激振荡。定时元件通常采用石英晶体和电容组成的并联谐振回路。晶振可以在 1.2～12MHz 之间选择，电容值在 5～30pF 之间选择，电容的大小可起频率微调作用。

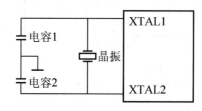

图 1-5　内部方式时钟电路

外部方式的时钟很少使用，若要用时，只要将 XTAL1 接地，XTAL2 接外部振荡器即可。对外部振荡信号无特殊要求，只要保证脉冲宽度，一般采用频率低于 12MHz 的方波信号。

时钟发生器把振荡频率二分频，产生一个两相时钟信号 P1 和 P2 供单片机使用。P1 在每一个状态 S 的前半部分有效，P2 在每个状态的后半部分有效。

3. 存储器

最小系统内部存储资源包括程序存储器(ROM)、数据存储器(RAM)、特殊功能寄存器。

AT89C51 单片机的程序存储器和数据存储器空间是互相独立的，物理结构也不同。程序存储器为只读存储器(ROM)。数据存储器为随机存取存储器(RAM)。单片机的存储器编址方式采用与工作寄存器、I/O 口锁存器统一编址的方式。

AT89C51 存储器结构与常见的微型计算机的配置方式不同，它把程序存储器和数据存储器分开，各有自己的寻址系统、控制信号和功能，程序存储器用来存放程序和始终要保留的常数。例如，所编程序经汇编后的机器码。数据存储器通常用来存放程序运行中所需要的常数或变量。例如，做加法时的加数和被加数，做乘法时的乘数和被乘数，模/数转换时实时记录的数据等。

1）程序存储器

程序存储器用来存放程序和表格常数。程序存储器将程序计数器 PC 作为地址指针，通过 16 位地址总线，可寻址的地址空间为 64KB。片内、片外统一编址。

若开发的单片机系统较复杂，片内程序存储器存储空间不够用时，可外扩展程序存储器。具体扩展的芯片大小，由两个条件决定：一是程序容量大小；二是扩展芯片容量大小。64KB 总容量减去内部 4KB 即为外部能扩展的最大容量，2764 容量为 8KB，27128 容量为 16KB，27256 容量为 32KB，27512 容量为 64KB（具体扩展方法见存储器扩展）。若存储空间仍不够用，就只能换芯片，选 16 位芯片或 32 位芯片都可。确定了芯片后就要算好地址，使程序从内部 ROM 开始执行，当 PC 值超出内部 ROM 的容量时，会自动转向外部程序存储器空间。AT89C51 单片机程序存储器地址空间如图 1-6 所示。

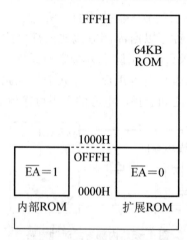

图 1-6　AT89C51 单片机程序存储器地址空间

2）数据存储器

（1）内部数据存储器。单片机的数据存储器无论在物理上或逻辑上都分为两个地址空间，一个为内部数据存储器，访问内部数据存储器用 MOV 指令；另一个为外部数据存储器，访问外部数据存储器用 MOVX 指令。

单片机的片内数据存储器共有 128 个字节，地址范围是 00H～7FH，分成工作寄存器区、位寻址区、数据缓冲区 3 部分，见表 1-2。

表 1-2　内部 RAM 存储器结构

数据缓冲区	30H～7FH
位寻址区（位地址 00～7F）	20H～2FH
工作寄存器 3（R0～R7）	18H～1FH
工作寄存器 2（R0～R7）	10H～17H
工作寄存器 1（R0～R7）	08H～0FH
工作寄存器 0（R0～R7）	00H～07H

地址范围在 00H～1FH 的 32 个字节，可分成 4 个工作寄存器组，每组占 8 个字节。每个工作寄存器组都有 8 个寄存器，它们分别称为 R0、R1、R2、R3、R4、R5、R6、R7。但在程序运行时，只允许有一个工作寄存器组工作，这组工作寄存器被称为当前工作寄存器组，寄存器和 RAM 地址对照见表 1-3。

表 1-3　寄存器和 RAM 地址对照

0 区		1 区		2 区		3 区	
地址	寄存器	地址	寄存器	地址	寄存器	地址	寄存器
00H	R0	08H	R0	10H	R0	18H	R0
01H	R1	09H	R1	11H	R1	19H	R1
02H	R2	0AH	R2	12H	R2	1AH	R2
03H	R3	0BH	R3	13H	R3	1BH	R3
04H	R4	0CH	R4	14H	R4	1CH	R4
05H	R5	0DH	R5	15H	R5	1DH	R5
06H	R6	0EH	R6	16H	R6	1EH	R6
07H	R7	0FH	R7	17H	R7	1FH	R7

当前程序使用的工作寄存区是由程序状态字特殊功能寄存器决定的，工作寄存器区选择见表 1-4。

表 1-4　工作寄存器区选择

PSW. 4(RS1)	PSW. 3(RS0)	当前使用的工作寄存器区 R0 ～ R7
0	0	0 区(00H～07H)
0	1	1 区(08H ～ 0FH)
1	0	2 区(10H～ 17H)
1	1	3 区(18H～ 1FH)

CPU 通过对 PSW 中的 D4、D3 位内容的修改，就能任选一个工作寄存器区。例如：

```
CLR    PSW.4    ;选定第 1 区
SETB   PSW.3
CLR    PSW.3    ;选定第 2 区
SETB   PSW.3
SETB   PSW.4    ;选定第 3 区
```

不设定为第 0 区，也称默认值，这个特点使 AT89C51 具有快速现场保护功能。需要特别注意的是，如果不加设定，在同一段程序中 R0～R7 只能用一次，若用两次程序会出错。

如果用户程序不需要 4 个工作寄存器区，则不用的工作寄存器单元可以作为一般的 RAM 使用。

内部 RAM 的 20H～2FH 为位寻址区(表 1-4)，这 16 个单元和每一位都有一个位地址，位地址范围为 00H～7FH。位寻址区的每一位都可以视作软件触发器，由程序直接进行位处理。通常把各种程序状态标志、位控制变量设在位寻址区内。同样，位寻址区的 RAM 单元也可以作为一般的数据缓冲器使用。

在一个实际的程序中，往往需要一个后进先出的 RAM 区，以保存 CPU 的现场，这种后进先出的缓冲器区称为堆栈(堆栈的用途详见指令系统和中断的章节)，堆栈原则上可以设在内部 RAM 的任意区域内，但一般设在 30H～7FH 的范围内。栈顶的位置由栈指针 SP 指出。

位寻址区：片内 RAM 20H～2FH 地址范围共 16 个字节，称为位寻址区。该区的 16 个字节，既可作为一般的 RAM 使用，进行字节操作，也可以对单元中的每一位进行位操作。16 个字节共 128 位，每位有位地址，地址范围是 00H～07H。位寻址区中的每一位地址有两种表示形式：一是表 1-5 中位地址形式，另一种是"单元地址·位序"形式。

表 1-5 位寻址区的 128 个位地址表

字节地址	位寻址							
	MSB				LSB			
	D7	D6	D5	D4	D3	D2	D1	D0
2FH	7F	7E	7D	7C	7B	7A	79	78
2EH	77	76	75	74	73	72	71	70
2DH	6F	6E	6D	6C	6B	6A	69	68
2CH	67	66	65	64	63	62	61	60
2BH	5F	5E	5D	5C	5B	5A	59	58
2AH	57	56	55	54	53	52	51	50
29H	4F	4E	4D	4C	4B	4A	49	48
28H	47	46	45	44	43	42	41	40
27H	3F	3E	3D	3C	3B3	3A	39	38
26H	37	36	35	34	33	32	31	·30
25H	2F	2E	2D	2C	2B	2A	29	28
24H	27	26	25	24	23	22	21	20
23H	1F	1E	1D	1C	1B	1A	19	18
22H	17	16	15	14	13	12	11	10
21H	0F	0E	0D	0C	0B	0A	09	08
20H	07	06	05	04	03	02	01	00

通用 RAM 区：内 RAM 中，30H～70FH 的 80 个单元只能以存储单元的形式来使用，没有其他规定或限制。

(2) 外部数据存储器。AT89C51 具有扩展 64KB 外部数据存储器和 I/O 口的能力，这对很多应用领域已足够使用，对外部数据存储器的访问采用 MOVX 指令，用间接寻址方式，R0、R1 和 DPTR 都可做间址寄存器。

若系统较小，内部的 RAM（30H～7FH）足够的话就无须再扩展外部数据存储器 RAM，若确实要扩展就用串行数据存储器 24C 系列，也可用并行数据存储器。

3）特殊功能寄存器

单片机内集成了一些常用的 I/O 接口电路，如并行 I/O 端口、串行口、定时器计数器、中断控制器等，这些 I/O 接口单元电路内的寄存器也在 CPU 内部，统称特殊功能寄存器（SFR）。

21 个特殊功能寄存器，它们不连续地分布在地址为 80H～FFH 的 128 个字节的存储空间中。在这 21 个 SFR 中，16 进制的地址码尾数为 0 或 8 的 11 个单元均具有位寻址能力，有效的位地址共有 82 个。这 21 个特殊功能寄存器的标识符、名称、地址见表 1-6。

表 1-6 特殊功能寄存器

标 识 符	名 称	地 址
＊ACC	累加器	E0H
＊B	B 寄存器	F0H
＊PSW	程序状态字	D0H
SP	堆栈指针	81H
DPTR	数据指针（包括 DPH 和 DPL）	83H 和 82H
＊P0	P0 口	80H
＊P1	P1 口	90H
＊P2	P2 口	A0H
＊P3	P3 口	B0H
＊IP	中断优先级控制	B8H
＊IE	允许中断控制	A8H
TMOD	定时器/计数器方式控制	89H
＊TCON	定时器/计数器控制	88H
TH0	定时器/计数器 0（高位字节）	8CH
TL0	定时器/计数器 0（低位字节）	8AH
TH1	定时器/计数器 1（高位字节）	8DH
TL1	定时器/计数器 1（低位字节）	8BH
＋RLDL	定时器/计数器 2 自动再装载	CAH
＊SCON	串行控制	98H
SBUF	串行数据缓冲器	99H
PCON	电源控制	87H

注：带＊号的特殊功能寄存器都是可以位寻址的寄存器

（1）累加器 A。最常用的特殊功能寄存器，大部分单操作数指令的操作取自累加器，很多双操作数指令的一个操作数取自累加器。加、减、乘、除算术运算指令的运算结果都存放在累加器 A 或 A、B 寄存器对中。指令系统中用 A 作为累加器的助记符。

（2）寄存器。B 寄存器是乘除法指令中常用的寄存器。乘法指令的两个操作数分别取自 A 和 B，其结果存放在 A、B 寄存器对中。除法指令中，被除数取自 A，除数取自 B，商数存在放于 A，余数存放于 B。

在其他指令中，B 寄存器可作为 RAM 中的一个单元来使用。

（3）程序状态字 PSW。程序状态字是一个 8 位寄存器，它包含了程序状态信息。此寄存器各位的含义分别如下，其中 PSW.1 未用。其他各位说明见表 1-7。

表 1-7　PSW 程序状态字格式及含义

CY	AC	F0	RS1	RS0	OV	—	P

CY(PSW.7)：进位标志。在执行某些算术和逻辑指令时，可以被硬件或软件置位或清零。在布尔处理机中它被认为是位累加器，其重要性相当于一般中央处理机中的累加器 A。

AC(PSW.6)：辅助进位标志。当进行加法或减法操作而产生由低 4 位数（BCD 码 1 位）向高 4 位数进位或借位时，AC 将被硬件置位，否则就被清零。AC 被用于 BCD 码调整。详见 DA A 指令。

F0(PSW.5)：用户标志位，F0 是用户定义的一个状态标记，可以用软件来使它置位或清零。该标志位状态一经设定，可由软件测试，以控制程序的流向。

RS1、RS0(PSW.4，PSW.3)：寄存器区选择控制位。可以用软件来置位或清零以确定工作寄存器区。RS1、RS0 与寄存器区的对应关系见表 1-4。

OV(PSW.2)：溢出标志。当执行算术指令时，可以由硬件置位或清零，以指示溢出状态。

当执行加法指令 ADD 时，位 6 向位 7 有进位而位 7 不向 CY 进位时，或位 6 不向位 7 进位而位 7 向 CY 进位时，溢出标志 OV 置位，否则清零。

溢出标志常用于 ADD 和 SUBB 指令对带符号数作加减运算时，OV＝1 表示加减运算的结果超出了目的寄存器 A 所能表示的带符号数（2 的补码）的范围（−128～＋127），参见项目 3 中关于 ADD 和 SUBB 指令的说明。

在 AT89C51 中，无符号数乘法指令 MUL 的执行结果也会影响溢出标志。若置于累加器 A 和寄存器 B 的两个数的乘积超过 255 时，OV＝1，否则 OV＝0。此积的高 8 位放在寄存器 B 内，低 8 位放在寄存器 A 内。因此，OV＝0 意味着只要从寄存器 A 中取得乘积即可，否则要从 B、A 寄存器对中取得乘积。

除法指令 DIV 也会影响溢出标志。当除数为 0 时，OV＝1，否则 OV＝0。

P(PSW.0)：奇偶标志，每个指令周期都由硬件来置位或清零，以表示累加器 A 中 1 的位数的奇偶数。若 1 的位数为奇数，P 置"1"，否则 P 清零。

P 标志位对串行通信中的数据传输有重要的意义，在串行通信中常用奇偶校验的办法来检验数据传输的可靠性。在发送端可根据 P 的值对数据的奇偶置位或清零。通信协议中规定在采用奇校验的办法时，当 P＝0 时，应对数据（假定由寄存器 A 取得）的奇偶位置位,否则就清零。

(4) 堆栈指针。栈指针 SP 是一个 8 位特殊功能寄存器。它指示出堆栈顶部在内部 RAM 中的位置。系统复位后,SP 初始化为 07H,使得堆栈事实上由 08H 单元开始。考虑到 08H~1FH 单元分属于工作寄存器区 1~3,若程序设计中要用到这些区,则最好把 SP 值改置为 1FH 或更大的值,SP 的初始值越小,堆栈深度就可以越深,堆栈指针的值可以由软件改变,因此堆栈在内部 RAM 中的位置比较灵活。

除用软件直接改变 SP 值外,在执行 PUSH、POP 指令,各种子程序调用,中断响应,子程序返回(RET)和中断返回(RETI)等指令时,SP 值将自动调整。

(5) 数据指针。数据指针 DPTR 是一个 16 位特殊功能寄存器,其高位字节寄存器用 DPH 表示,低位字节寄器用 DPL 表示,既可以作为一个 16 位寄存器 DPTR 来处理,也可以作为两个独立的 8 位寄存器 DPH 和 DPL 来处理。

DPTR 主要用来存放 16 位地址,当对 64KB 外部存储器寻址时,可作为间址寄存器使用。可以用下列两条传送指令:MOVX A,@DPTR 和 MOVX @DPTR,A。在访问程序存储器时,DPTR 可用作基址寄存器,有一条采用基址+变址寻址方式的指令 MOVC A,@A+DPTR,常用于读取存放在程序存储器内的表格常数。

(6) 端口 P0~P3。特殊功能寄存器 P0、P1、P2 和 P3 分别是 I/O 端口 P0~P3 的锁存器。P0~P3 作为特殊功能寄存器还可用直接寻址方式参与其他操作指令。

(7) 串行数据缓冲器。串行数据缓冲器 SBUF 用于存放欲发送或已接收的数据,它实际上由两个独立的寄存器组成,一个是发送缓冲器,另一个是接收缓冲器。当要发送的数据传送到 SBUF 时,进入的是发送缓冲器。当要从 SBUF 读数据时,则取自接收缓冲器,取走的是刚接收到的数据。

(8) 定时器/计数器。AT89C51 系列中有两个 16 位定时器/计数器 T0 和 T1。它们各由两个独立的 8 位寄存器组成,共有 4 个独立的寄存器:TH0、TL0、TH1、TL1。可以对这 4 个寄存器寻址(表 1-8),但不能把 T0、T1 当作一个 16 位寄存器来寻址。

表 1-8 特殊功能寄存器中的位寻址区

SFR	字节地址	位 地 址							
		D0	D1	D2	D3	D4	D5	D6	D7
P0	80	P0.0	P0.1	P0.2	P0.3	P0.4	P0.5	P0.6	P0.7
		80	81	82	83	84	85	86	87
	81								
DPL	82								
DPH	83								
PCON	87								
TCON	88			IT0				TF0	
		88	89	8A	8B	8C	8D	8E	8F

续表

SFR	字节地址	位 地 址							
		D0	D1	D2	D3	D4	D5	D6	D7
TMOD	89								
TL0	8A								
TL1	8B								
TH0	8C								
TH1	8D								
P1	90	P1.0	P1.1	P1.2	P1.3	P1.4	P1.5	P1.6	P1.7
		90	91	92	93	94	95	96	97
SCON	98	RI	TI	RB8	TB8	REN	SM2	SM1	SM0
		98	99	9A	9B	9C	9D	9E	9F
SBUF	99								
P2	A0	P2.0	P2.1	P2.2	P2.3	P2.4	P2.5	P2.6	P2.7
		A0	A1	A2	A3	A4	A5	A6	A7
IE	A8	EX0	ET0	EX1	ET1	ES			EA
		A8	A9	AA	AB	AC			AF
P3	B0	P3.0	P3.1	P3.2	P3.3	P3.4	P3.5	P3.6	P3.7
		B0	B1	B2	B3	B4	B5	B6	B7
IP	B8	PX0	PT0	PX1	PT1	PS			
		B8	B9	BA	BB	BC			
PSW	D0	P	—	OV	RS0	RS1	F0	AC	CY
		D0	D1	D2	D3	D4	D5	D6	D7
ACC	E0	E0	E1	E2	E3	E4	E5	E6	E7
B	F0	F0	F1	F2	F3	F4	F5	F6	F7

　　其他控制寄存器。IP、IE、TMOD、TCON、SCON 和 PCON 寄存器分别包含有中断系统、定时器/计数器、串行口和供电方式的控制和状态位，这些寄存器将在以后有关章节中叙述。

　　(9) I/O 端口。I/O 端口又称 I/O 接口，也称 I/O 通道或 I/O 通路，I/O 端口是 AT89C51 单片机对外部实现控制和信息交换的必经之路，I/O 端口有串行和并行之分，串行 I/O 端口一次只能传送一位二进制信息，并行 I/O 端口一次能传送一组二进制信息。

1.4.2　单片机外部资源

AT89C51 单片机采用 40 引脚的双列直插封装方式。

图 1-7 为引脚排列图，下面对 40 条引脚进行说明。

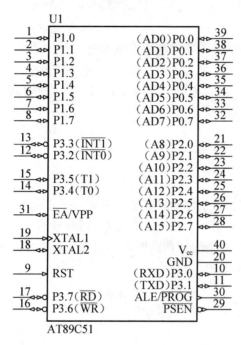

图 1-7　单片机引脚

1. 主电源引脚 V_{ss} 和 V_{cc}

（1）V_{ss} 接地。

（2）V_{cc} 正常操作时为 +5V 电源。

2. 外接晶振引脚 XTAL1 和 XTAL2

XTAL1 内部振荡电路反相放大器的输入端是外接晶体的一个引脚。当采用外部振荡器时，此引脚接地。XTAL2 内部振荡电路反相放大器的输出端是外接晶体的另一端。当采用外部振荡器时，此引脚接外部振荡源。

3. 控制或与其他电源复用引脚 RST/VPD，ALE/$\overline{PROG}$，$\overline{PSEN}$ 和 $\overline{EA}/V_{pp}$

1）RST/VPD

当振荡器运行时，在此引脚上出现两个机器周期的高电平（由低到高跳变），将使单片机复位。在 V_{cc} 断电期间，此引脚可接上备用电源，由 VPD 向内部提供备用电源，以保持内部 RAM 中的数据。

2）ALE/$\overline{PROG}$

正常操作时为 ALE 功能（允许地址锁存）提供把地址的低字节锁存到外部锁存器，ALE 引脚以不变的频率（振荡器频率的 1/6）周期性地发出正脉冲信号。因此，它可用作对外输出的时钟，或用于定时目的。但要注意，每当访问外部数据存储器时，将跳过一个 ALE 脉冲，ALE 端可以驱动（吸收或输出电流）8 个 LSTTL 电路。

对于 EPROM 型单片机，在 EPROM 编程期间，此引脚接收编程脉冲（$\overline{\text{PROG}}$功能）。

3）$\overline{\text{PSEN}}$

此引脚为外部程序存储器读选通信号输出端，在从外部程序存储取指令（或数据）期间，$\overline{\text{PSEN}}$在每个机器周期内两次有效。$\overline{\text{PSEN}}$同样可以驱动 8 个 LSTTL 输入。

4）$\overline{\text{EA}}/V_{\text{pp}}$

此引脚为内部程序存储器和外部程序存储器选择端，当$\overline{\text{EA}}/V_{\text{pp}}$为高电平时，访问内部程序存储器，当$\overline{\text{EA}}/V_{\text{pp}}$为低电平时，访问外部程序存储器。

对于 EPROM 型单片机，在 EPROM 编程期间，此引脚上加 21V EPROM 编程电源（V_{pp}）。

4．输入/输出引脚

1）P0 口

P0 口（P0.0～P0.7、32～39 脚）的位电器结构：1 个输出锁存器，用于输出数据的锁存；两个三态输入缓冲器，分别用于锁存器和引脚数据的输入缓冲；1 个多路开关 MUX，它的一个输入来自锁存器，另一个输入是地址/数据信号的反相输出。它在控制信号的控制下能实现对锁存器输出端和地址/数据线之间的切换；由两只场效应管组成的输出驱动电路。P0 口的位电路结构如图 1－8 所示。

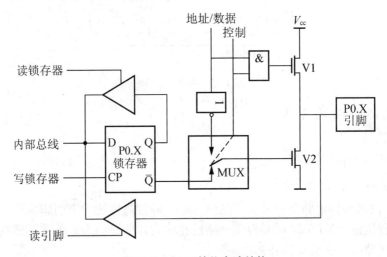

图 1－8 P0 口的位电路结构

P0 口的特点如下。

（1）P0 口是一个双功能的端口，地址/数据分时复用口和通用 I/O 口；具有高电平、低电平和高阻抗 3 种状态的 I/O 端口称为双向 I/O 端口。

（2）当 P0 口用作地址/数据总线复用口时，相当于一个真正的双向 I/O 口。而用作通用 I/O 口时，由于引脚上需要外接上拉电阻，端口不存在高阻（悬空）状态，此时 P0 口只是一个准双向口；为保证引脚上的信号能正确读入，在读入操作前应首先向锁存器写 1；单片机复位后，锁存器自动被置 1。

（3）一般情况下，如果 P0 口已作为地址/数据复用口时，就不能再用作通用 I/O 口使用；P0 口能驱动 8 个 TTL 负载。

2）P1 口

P1 口（P1.0～P1.7、1～8 脚）是一个准双向口，作通用输入/输出口使用。

P1 口的位电路结构：一个数据输出锁存器，用于输出数据的锁存；两个三态输入缓冲器，BUF1 用于读锁存器，BUF2 用于读引脚；数据输出驱动电路，由场效应管 VT 和片内上拉电阻 R 组成。P1 口的位电路结构如图 1-9 所示。

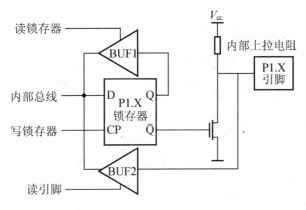

图 1-9　P1 口的位电路结构

P1 口的特点如下。

（1）P1 口由于有内部上拉电阻，没有高阻抗输入状态，所以称为准双向口。当作为输出口时，不需要再在片外拉接上拉电阻。

（2）当 P1 口读引脚输入时，必须先向锁存器写入 1，其原理与 P0 口相同。

（3）P1 口能驱动 4 个 TTL 负载。

3）P2 口

P2 口（P2.0～P2.7，21～28 脚）是一个数据输出锁存器，用于输出数据的锁存。

P2 口的位电路结构：两个三态输入缓冲器，BUF1 用于读锁存器，BUF2 用于读引脚；一个多路开关 MUX，它的一个输入来自锁存器的 Q 端，另一个输入来自内部地址的高 8 位；数据输出驱动电路由非门 M、场效应管 VT 和片内上拉电阻 R 组成。P2 口的位电路结构如图 1-10 所示。

P2 口的特点如下。

（1）当 P2 口作为高 8 位地址输出线使用时，与 P0 口输出的低 8 位地址一起构成 16 位的地址总线，可以寻址 64KB 地址空间。

（2）当 P2 口作为高 8 位地址输出口时，其输出锁存器原锁存的内容保持不变。

（3）当 P2 口作为通用 I/O 口使用时，P2 口为准双向口，功能与 P1 口一样。

（4）P2 口能驱动 4 个 TTL 负载。

4）P3 口

P3 口是一个多用途的端口，也是一个准双向口，当作为第一功能使用时，其功能同P1 口。

P3 口的位电路结构包括：一个数据输出锁存器，用于输出数据的锁存；3 个三态输入缓冲器，BUF1 用于读锁存器，BUF2、BUF3 用于读引脚和第二功能数据的缓冲输入；数据输出驱动电路，由与非门 M、场效应管 VT 和片内上拉电阻 R 组成。P3 口的位电路结构如图 1-11 所示。

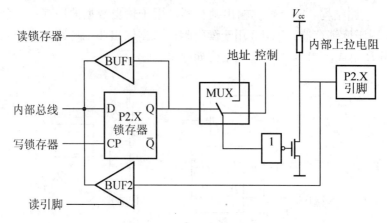

图 1-10   P2 口的位电路结构

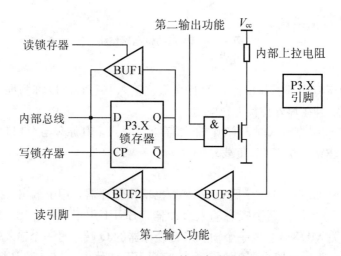

图 1-11   P3 口的位电路结构

当作为第二功能使用时，每一位功能定义见表 1-9。P3 口的第二功能实际上就是系统具有控制功能的控制线。此时相应的口线锁存器必须为"1"状态，与非门的输出由第二功能输出线的状态确定，从而 P3 口线的状态取决于第二功能输出线的电平。在 P3 口的引脚信号输入通道中有两个三态缓冲器，第二功能的输入信号取自第一个缓冲器的输出端，第二个缓冲器仍是第一功能的读引脚信号缓冲器。P3 口可驱动 4 个 LSTTL 门电路。

表 1-9　P3 口的第二功能

端 口 功 能	第 二 功 能
P3.0	RXD——串行输入(数据接收)口
P3.1	TXD——串行输出(数据发送)口
P3.2	$\overline{INT0}$——外部中断 0 输入线
P3.3	$\overline{INT1}$——外部中断 1 输入线
P3.4	T0——定时器 0 外部输入
P3.5	T1——定时器 1 外部输入
P3.6	$\overline{WR}$——外部数据存储器写选通信号输出
P3.7	$\overline{RD}$——外部数据存储器读选通信号输入

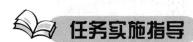

步骤一：工作原理

在 P1 口的 8 根口线上同时直接接 8 个 LED，采用共阳极连接方式，其他原件的连接如图 1-12 所示。

分析图 1-12 可知，当 AT89C51 单片机的 P1.0 为低电平时，D1 亮；当 P1.0 为高电平时，D1 不亮。要让单片机控制 LED 的亮灭，就需要控制 P1.0 按要求输出高电平或低电平。

在程序中，"SETB P1.0"是让 P1.0 为高电平，LED 熄灭；"CLR P1.0"是让 P1.0 为低电平，LED 点亮。

"LCALL DELAY"指令的用途是延时，指令的形式是 LCALL，称为子程序调用指令。后面的参数是 DELAY，DELAY 是一个标号，用于标识延时子程序。这条指令的作用如下：当执行 LCALL 指令时，程序转到 LCALL 后面的标号所指示的程序处执行；如果在执行指令过程中遇到 RET 指令，则程序返回到 LCALL 指令下面的一条指令继续执行。

在"LJMP START"指令中，LJMP 的意思是跳转，START 是标号，用途是标识该行程序，便于使用。

设计软件之前要考虑发光二极管反应时间与人眼的视觉暂留时间。指示灯的闪动，即一亮一暗的延时，一般定为 1s，否则人的眼睛感觉不出亮暗变化，若延时太短对人的感觉是指示灯全亮或全暗，这一点要特别注意。

延时子程序如下：

```
DELAY:   MOV    R0,＃255
D1:      MOV    R1,＃255
         DJNZ   R1, $
         DJNZ   R0, D1
         RET
         END
```

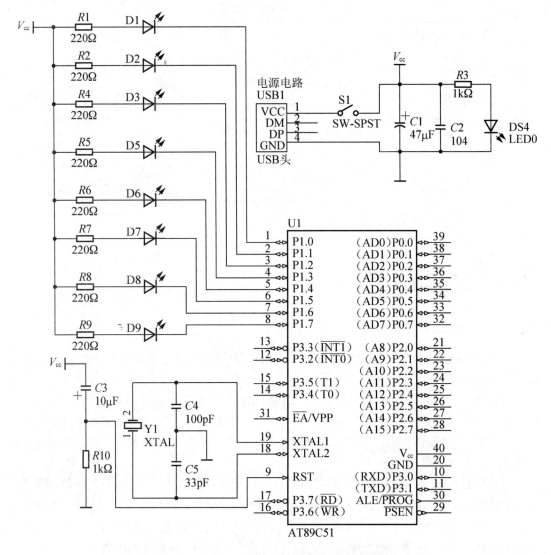

图 1 - 12　AT89C51 流水灯控制电路原理图

实现 8 个 LED 流水灯程序用中文表示为 P1.0 低、延时、P1.0 高、P1.1 低、延时、P1.1 高、P1.2 低、延时、P1.2 高、P1.3 低、延时、P1.3 高、P1.4 低、延时、P1.4 高、P1.5 低、延时、P1.5 高、P1.6 低、延时、P1.6 高、P1.7 低、延时、P1.7 高、返回到开始、程序结束。编写的程序在步骤四给出。

步骤二：绘制仿真电路图

单片机广告灯设计仿真图如图 1 - 13 所示。

步骤三：绘制程序流程图

程序流程图如图 1 - 14 所示。

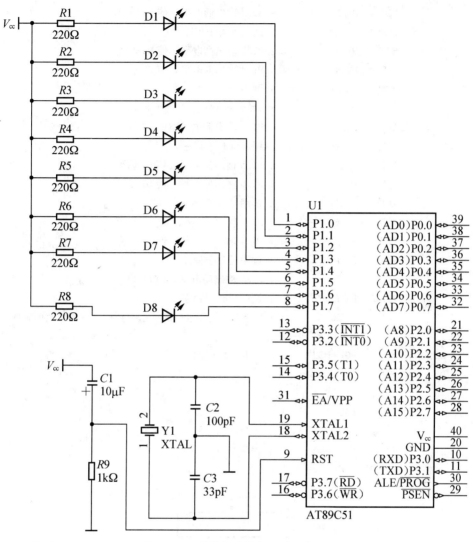

图 1-13 单片机广告灯设计仿真图

步骤四：编写程序

```
;-----主程序开始-----

ORG 00H

START:   CLR    P1.0        ;P1.0 输出低电平，使 D1 点亮

         ACALL  DELAY       ;调用延时子程序

         SETB   P1.0        ;P1.0 输出高电平，使 D1 熄灭

         CLR    P1.1        ;P1.1 输出低电平，使 D2 点亮

         ACALL  DELAY       ;调用延时子程序

         SETB   P1.1        ;P1.1 输出高电平，使 D2 熄灭

         CLR    P1.2        ;P1.2 输出低电平，使 D3 点亮

         ACALL  DELAY       ;调用延时子程序

         SETB   P1.2        ;P1.2 输出高电平，使 D3 熄灭
```

```
    CLR     P1.3        ; P1.3 输出低电平，使 D4 点亮
    ACALL   DELAY       ; 调用延时子程序
    SETB    P1.3        ; P1.3 输出高电平，使 D4 熄灭
    CLR     P1.4        ; P1.4 输出低电平，使 D5 点亮
    ACALL   DELAY       ; 调用延时子程序
    SETB    P1.4        ; P1.4 输出高电平，使 D5 熄灭
    CLR     P1.5        ; P1.5 输出低电平，使 D6 点亮
    ACALL   DELAY       ; 调用延时子程序
    SETB    P1.5        ; P1.5 输出高电平，使 D6 熄灭
    CLR     P1.6        ; P1.6 输出低电平，使 D7 点亮
    ACALL   DELAY       ; 调用延时子程序
    SETB    P1.6        ; P1.6 输出高电平，使 D7 熄灭
    CLR     P1.7        ; P1.7 输出低电平，使 D8 点亮
    ACALL   DELAY       ; 调用延时子程序
    SETB    P1.7        ; P1.7 输出高电平，使 D8 熄灭
    ACALL   DELAY       ; 调用延时子程序
    AJMP    START       ; 8 个 LED 循环了一遍后返回到标号 START 处再循环
; － － － － － 延时子程序 － － － － －
DELAY：  MOV   R0，#255   ; 延时一段时间
D1：     MOV   R1，#255
        DJNZ  R1，$
        DJNZ  R0，D1
        RET             ; 子程序返回
        END             ; 程序结束
```

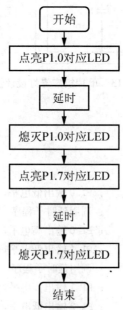

图 1-14　程序流程图

步骤五：Proteus 仿真，调试程序

调试步骤：建源码文件、加载到系统，选择微控制器及汇编器，将源码经汇编器汇编产生的目标代码加载到微控制器中，启动仿真进行源码调试。此时用的汇编语言，直接使用 Proteus 自带的编译器即可。

步骤六：焊接电路

对焊点的要求：电连接性能良好；有一定的机械强度；光滑圆润。

步骤七：下载程序，验证结果

通过搭建的硬件电路，观察实际电路能否正常工作。

 **质量评价标准**

项目质量考核要求及评分标准见表 1-10。

表 1-10 质量评价表

考核项目	考核要求	配分	评分标准	扣分	得分	备注
程序设计	1. 能使用 MOV、置位指令进行程序设计	20	1. 输入/输出地址遗漏或写错，每处扣 2 分 2. 指令不正确，每处扣 2 分 3. 不会调用提供的延时，每条扣 2 分			
系统焊接	1. 会安装元件 2. 按图完整、正确及规范焊接 3. 按照要求编号	30	1. 元件松动扣 2 分，损坏一处扣 4 分 2. 虚焊每处扣 2 分 3. 焊接错误，每处扣 1 分			
编程操作	1. 会建立程序新文件 2. 正确烧写程序 3. 正确保存文件	20	1. 不能建立程序新文件或建立错误扣 4 分 2. 烧写程序不正确扣 2 分			
运行操作	1. 操作运行系统，分析运行结果	20	1. 系统通电操作错误一步扣 3 分 2. 运行结果描述不对扣 2 分 3. 仿真结果不正确扣 5 分 3. 验证广告灯设计逻辑不正确扣 10 分			
安全生产	自觉遵守安全文明生产规程	10	1. 每违反一项规定，扣 3 分 2. 发生安全事故，0 分处理 3. 漏接接地线一处扣 5 分			
时间	2 小时		提前正确完成，每 5 分钟加 2 分 超过定额时间，每 5 分钟扣 2 分			
开始时间：		结束时间：		实际时间：		

拓展与提高

知识进阶一

微型计算机中的常用数制

1. 数制

微型计算机中常用的数制有 3 种,即十进制数、二进制数和十六进制数。

1) 十进制数

十进制数是人们最熟悉的一种进位计数制,其主要特点如下。

(1) 它由 0、1、2、3、4、5、6、7、8、9 不同的基本数码符号构成,基数为 10。

(2) 进位规则是"逢十进一",一般在数的后面加符号 D 表示十进制数。

基数在数学中指计数制中所用到的数码的个数。

2) 二进制数

二进制数是计算机内的基本数制,其主要特点如下。

(1) 任何二进制数都只由 0 和 1 两个数码组成,其基数是 2。

(2) 进借位规则是"逢二进一,借一当二"。

一般在数的后面加符号 B 表示二进制数。二进制数同样可以用幂级数形式展开。

3) 十六进制数

在微机软件编程时,十六进制数常用于代码和数据的缩写,其主要特点如下。

(1) 十六进制数由 16 个数码符号构成:0、1、2、…、9、A、B、C、D、E、F,其中 A、B、C、D、E、F 分别代表十进制数的 10、11、12、13、14、15,其基数是 16。

(2) 进借位规则是"逢十六进一,借一当十六"。一般在数的后面加符号 H 表示十六进制数。

2. 数制间的转换

1) 二进制数与十六进制数的转换

(1) 二进制数转化成十六进制数。采用 4 位二进制数合成一位十六进制数的方法,以小数点开始分成左侧整数部分和右侧小数部分。

【例 1-1】 把 10111110100.0011101B 转换成十六进制数 。

解:101 1111 0100.0011 1010B = 5F4.3AH。

(2) 十六进制数转换成二进制数。将十六进制数的每位分别用 4 位二进制数码表示,然后把它们连在一起,即为对应的二进制数。

【例 1-2】 把 13CA.58H 转换成二进制数。

解:
```
  1    3    C    A  .  5    8   H
0001 0011 1100 1010  0101 1000  B
```

所以,13CA.58H = 1 0011 1100 1010.0101 1B。

2) 二进制数与十进制数间的转换

(1) 二进制数转换成十进制数。将二进制数按权展开后相加即得到对应的十进制数。

【例 1 - 3】　将 1001B 转换成十进制数。

解： 按权相加得 1001B ＝ $1×2^3＋1×2^0$ ＝8＋1＝9D＝9，其中，十进制数的后缀"D"可省略。

（2）十进制数转化成二进制数。十进制数的整数部分和小数部分转化成二进制数的方法不同，要将它们分别转换，然后将结果合并到一起，即得到对应的二进制数。

十进制整数转成二进制整数的常用方法是"除 2 取余法"。即用 2 连续去除要转换的十进制数和所得的商，直到商小于 2 为止，依次记下各个余数，然后按最先得到的余数为最低位，最后得到的余数为最高位依次排列，就得到转换后的二进制整数。

十进制小数转换成二进制小数的常用方法是"乘 2 取整法"。即用 2 连续去乘要转换的十进制小数部分和前次乘积后的小数部分，依次记下每次乘积的整数部分，直到小数部分为 0 或满足所需要的精度为止，然后按最先得到的整数为二进制小数的最高位，最后得到的为最低位依次排列，就得到转换后的二进制小数。

【例 1 - 4】　将 45.6789 转换为二进制数，其中二进制小数保留 4 位。

解：

整数部分

$2\underline{|45}$　…1 ↑

$2\underline{|22}$　…0 逆

$2\underline{|11}$　…1 序

$2\underline{|5}$　…1 排

$2\underline{|2}$　…0 列

1　…1

余数

小数部分

0.6789

$× \quad 2$

1.3578　…1 ↓

0.3578

$× \quad 2$

0.7156　…0 顺

$× \quad 2$

1.4312　…1 序

0.4312

$× \quad 2$

0.8624　…0 排

$× \quad 2$

1.7248　…1 列

所以 45.6789 ＝ 101101.1011B。

3）十六进制数和十进制数间的转换

（1）十六进制数转换成十进制数。将十六进制数按权展开后相加即得到对应的十进制数。

【例 1 - 5】　将十六进制数 3FEA 换成十进制数。

解： 3FEAH ＝ $3×16^3＋15×16^2＋14×16^1＋10×16^0$ ＝16362 D＝16362。

（2）十进制数转换成十六进制数。与十进制数转换成二进制数类似，十进制整数部分采用"除 16 取余逆排法"，十进制小数部分采用"乘 16 取整顺排法"。

【例 1 - 6】　将 3901.76171875 转换成十六进制数。

解：

整数部分

$16\underline{|3901}$　…13　写作D

$16\underline{|243}$　…3　写作3

15　…15　写作F

小数部分

0.76171875

$× \quad 16$

12.18750000　…12　写作C

02.18750000

$× \quad 16$

3.00000000　…3　写作3

所以，3901.76171875＝F3D.C3H。

知识进阶二

知识进阶　　　　　　　**原码、反码和补码**

在 8 位微型计算机中约定，最高位 D7 用来表示符号，而其他 7 位用于表示数值，如图 1-15 所示。D7＝0 表示正数，D7＝1 表示负数。

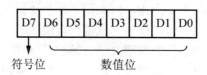

图 1-15　微机中数的表示

1. 原码

最高位为符号位，数值为绝对值。

2. 反码

正数的反码与其原码相同。负数的反码符号位为 1，数值位为其原码数值位逐位取反。在采用原码和反码表示时，符号位不能同数值一起参加运算。

3. 补码

在计算机中，带符号数的运算均采用补码。

正数的补码与其原码相同；负数的补码为其反码末位加 1。

【例 1-7】 求正数 +1000101B（+45H）的反码和补码。

解： 反码为 01000101B，补码为 01000101B。

【例 1-8】 求负数 -1010101B（-55H）的反码与补码。

解： 10101010B（AAH）反码，10101011B（ABH）补码。

4. 由补码求其真值的方法

求补得到原码（符号位＋数值位），依原码求真值，举例如下。

补码：1010 1011B

真值：-55H

知识进阶三

微型机中常用的编码

1. BCD 码

BCD 码是将每一位十进制数用二进制数编码，它保留了十进制的权，数字则用二进制数表示，因而也称二-十进制数。一般用标识符［…］BCD 表示。BCD 码种类较多，如 8421 码、2421 码、格雷码等，其中最常用的编码为 8421 码。8421 码与十进制数的对应关系见表 1-11。

表 1－11　8421 码与十进制数的对应关系

十进制数	BCD 码	十进制数	BCD 码
0	0000B	8	1000B
1	0001B	9	1001B
2	0010B	10	00010000B
3	0011B	11	00010001B
4	0100B	12	00010010B
	0101B	13	00010011B
6	0110B	14	00010100B
7	0111B	15	00010101B

2. 压缩 BCD 码和非压缩 BCD 码

压缩 BCD 码：4 位码表示 1 位十进制数的编码。

非压缩 BCD 码：8 位码表示 1 位十进制数（高 4 位填 0）的编码。

采用压缩 BCD 码比采用非压缩 BCD 码节省存储空间。

 习　题

一、选择题

1. 计算机中最常用的字符信息编码是（　　）。

A. ASCII　　　　B. BCD 码　　　C. 余 3 码　　　D. 循环码

2. 以下不是构成单片机的部件是（　　）。

A. 微处理器（CPU）　　　　　　B. 存储器

C. 接口适配器（I\O 接口电路）　　D. 打印机

3. AT89C51 单片机的 CPU 主要的组成部分为（　　）。

A. 运算器、控制器　　　　　B. 加法器、寄存器

C. 运算器、加法器　　　　　D. 运算器、译码器

4. －49D 的二进制补码为（　　）。

A. 11101111　　B. 11101101　　C. 0001000　　D. 11101100

5. 十进制 29 的二进制表示为原码（　　）。

A. 11100010　　B. 10101111　　C. 00011101　　D. 00001111

二、解答题

1. 完成不同进制之间的转换。

100D＝_____ B＝_____ H

03CH＝_____ B＝_____ D

2. 写出下列各数的原码、反码和补码（用二进制数表示）。

21　－21　59　－59　127　－127　1　－1

3. 用十进制数写出下列补码的真值

　　1FH　69H　89H　FCH　97H　CDH　B3H　10H

4. 已知 X 和 Y，求 $(X+Y)_{补}$。

5. 写出下列各数的 8421BCD 码。

　　1234　　5678

三、判断题

1. 我们所说的计算机实质上是计算机的硬件系统与软件系统的总称。　　（　　）

2. 计算机中常作的码制有原码、反码和补码。　　（　　）

3. 十进制数－29 的 8 位补码表示为 .11100010。　　（　　）

4. 已知 $[X]_{原}$＝0001111，则 $[X]_{反}$＝11100000。　　（　　）

5. 已知 $[X]_{原}$＝11101001，则 $[X]_{反}$＝00010110。　　（　　）

四、简答题

1. 简述冯·诺依曼型计算机的主要特征。

2. 简述什么是单片机。

项目2

单片机抢答器设计

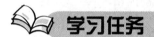

学习目标

1. 掌握单片机内部 RAM 的组成及功能、程序存储空间 ROM 的组成及使用、I/O 口的主要功能。
2. 掌握单片机时钟电路和复位电路组成。
3. 学会开关状态指示灯控制电路原理图的设计和汇编语言程序编写方法。
4. 能够在 Proteus 软件上实现动态仿真,掌握调试方法。

学习任务

2.1 项目任务

运用 AT89C51 单片机及相应硬件电路做多灯单片机控制,使用汇编语言编写程序,使其实现相关任务要求。硬件电路如图 2-1 所示,按对应的开关对应的灯点亮,模拟抢答器效果。

本项目主要的任务是通过单片机并行 I/O 口中的 P1 口低 4 位开关来控制对应发光二极管的点亮与熄灭。4 个发光二极管 D1～D4 分别接在单片机的 P1.0～P1.3 接口上,当其输出"0"(低电平)时,对应的发光二极管点亮。(提问:由此判断 8 个发光二极管组成共阳接法还是共阴接法)根据任务要求,开关动作对应发光二极管点亮,以此循环往复,可做出具体数据控制表,见表 2-1。

表 2-1　开关动作对应发光二极管亮灭情况

P1.7	P1.6	P1.5	P1.4	P1.3	P1.2	P1.1	P1.0	说　明
				D4	D3	D2	D1	
0	1	1	1	0	1	1	1	D4 亮
1	0	1	1	1	0	1	1	D3 亮
1	1	0	1	1	1	0	1	D2 亮
1	1	1	0	0	1	1	0	D1 亮

根据此控制表,并结合已学过的汇编基本指令,可以将按键控制开关分为 3 个部分,

如图 2-2 所示。

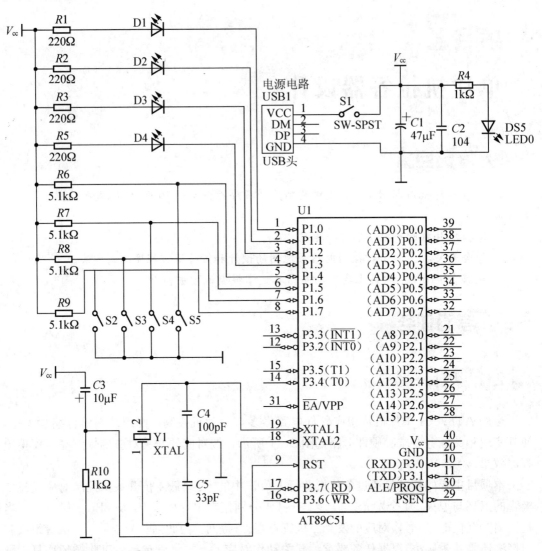

图 2-1　电路原理图

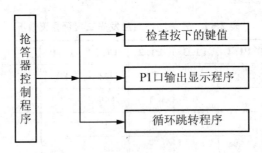

图 2-2　按键控制开关逻辑结构

2.2 任务流程图

本项目的具体学习过程如图2-3所示。

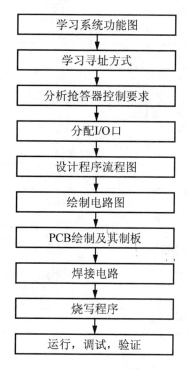

图2-3 任务流程图

环境设备

学习所需工具、设备见表2-2。

表2-2 工具、设备清单

序号	分类	名称	型号规格	数量	单位	备注
1	工具	万用表		1	块	
2		电烙铁		1	只	
3		焊锡丝		若干	米	
4		直流稳压电源		1	台	
5		编程烧写器		1	台	
6		导线		若干	条	
7		万用板		1	块	

续表

序号	分类	名称	型号规格	数量	单位	备注
1	电子元器件	IC 芯片	AT89C51	1	片	
2		瓷片电容	33pF	1	只	
3		瓷片电容	100pF	1	只	
4		瓷片电容	104	1	只	
5		晶振	12MHz	1	只	
6		电解电容	$10\mu F/25V$	1	只	
7		电解电容	$47\mu f/25V$	1	只	
8		电阻	$51k\Omega$	4	只	
9		电阻	220Ω	4	只	
10		电阻	$1k\Omega$	2	只	
11		发光二极管	5Ω		只	
12		USB公对公头连接线		1	条	
13		USB 母座	4 脚	1	只	
14		40 脚普通 IC 插座		1	只	
15		单刀开关	5		只	

背景知识

▪ 2.3 寻址方式

寻址方式通常是指某一个 CPU 指令系统中规定的寻找操作数所在地址的方式，或者说通过什么的方式找到操作数。寻址方式的方便与快捷是衡量 CPU 性能的一个重要方面，AT89C51 单片机有 7 种寻址方式。

1. 立即寻址

立即寻址方式是操作数包括在指令字节中，指令操作码后面字节的内容就是操作数本身，其数值由程序员在编制程序时指定，以指令字节的形式存放在程序存储器中。立即数只能作为源操作数，不能当作目的操作数。例如：

```
MOV  A,＃52H      ; A ←52H
MOV  DPTR,＃5678H ; DPTR ←5678H
```

立即寻址示意图如 2 - 4 所示。

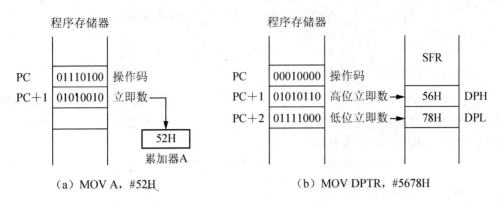

（a）MOV A，#52H　　　　　　（b）MOV DPTR，#5678H

图 2-4　立即寻址示意图

2. 直接寻址

在指令中含有操作数的直接地址，该地址指出了参与操作的数据所在的字节地址或位地址。

```
MOV  A, 52H      ;把片内 RAM 字节地址 52H 单元的内容送累加器 A 中。
MOV  52H, A      ;把 A 的内容传送给片内 RAM 的 52H 单元中。
MOV  50H, 60H    ;把片内 RAM 字节地址 60H 单元的内容送到 50H 单元中。
MOV  IE, ♯40H    ;把立即数 40H 送到中断允许寄存器 IE。IE 为专用功能寄存
                 ;器，其字节地址为 0A8H。该指令等价于 MOV  0A8H，♯40H。
INC  60H         ;将地址 60H 单元中的内容自加 1。
```

例如：直接寻址方式示意图如图 2-5 所示。

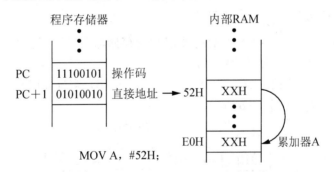

MOV A，#52H；

图 2-5　直接寻址方式示意图

在 AT89C51 单片机指令系统中，直接寻址方式可以访问两种存储空间。

（1）内部数据存储器的低 128 个字节单元（00H～7FH）。

（2）80H～FFH 中的（SFR）特殊功能寄存器。

这里要注意，指令 MOV A，♯52H 与 MOV A，52H 指令的区别，后者表示把片内 RAM 字节地址为 52H 单元的内容传送到累加器（A）。

3. 寄存器寻址

由指令指出某一个寄存器中的内容作为操作数，这种寻址方式称为寄存器寻址。寄存器一般指累加器 A 和工作寄存器 R0～R7。例如：

```
MOV  A, Rn          ; A←(Rn) 其中 n 为 0～7, Rn 是工作寄存器。
MOV  Rn, A          ; Rn←(A)
MOV  B, A           ; B←(A)
```

寄存器寻址的主要对象如下。

(1) 通用寄存器，共有 4 组 32 个通用寄存器，但寄存器寻址只能使用当前寄存器组。因此指令中的寄存器名称只能是 R0～R7。在使用本指令前，需通过对 PSW 中 RS1、RS0 位的状态设置，来进行当前寄存器组的选择。

(2) 部分专用寄存器。累加器 A、B 寄存器及数据指针 DPTR 等。

4. 寄存器间接寻址方式

由指令指出某一个寄存器的内容作为操作数，这种寻址方式称为寄存器间接寻址。这里要注意，在寄存器间接寻址方式中，存放在寄存器中的内容不是操作数，而是操作数所在的存储器单元地址。

寄存器间接寻址只能使用寄存器 R0 或 R1 作为地址指针，来寻址内部 RAM(00H～FFH)中的数据。寄存器间接寻址也适用于访问外部 RAM，可使用 R0、R1 或 DPTR 作为地址指针。寄存器间接寻址用符号"@"表示。例如：

```
MOV  A, @R0         ; A←((R0))
MOV  A, @R1         ; A←((R1))
```

指令功能是把 R0 或 R1 所指出的内部 RAM 地址 60H 单元中的内容传送到累加器 A。假定(60H)=3BH，则指令的功能是将 3BH 这个数传送到累加器 A。例如：

```
MOV  DPTR, ♯3456H   ; DPTR←3456H
MOVX A, @DPTR       ; A←((DPTR))
```

指令功能是把 DPTR 寄存器所指的外部数据存储器(RAM)的内容传送给 A，假设 (3456H)=99H，指令运行后(A)=99H。

同样，MOVX @DPTR, A；MOV @R1, A；也都是寄存器间接寻址方式。寄存器间接寻址方式的示意图如图 2-6 所示。

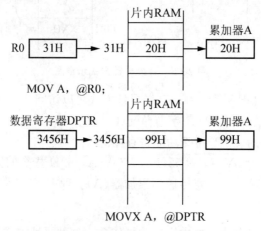

图 2-6 寄存器间接寻址方式示意图

5. 位寻址

AT89C51 单片机中设有独立的位处理器。位操作指令能对内部 RAM 中的位寻址区 (20H~2FH) 和某些有位地址的特殊功能寄存器进行位操作。即可对位地址空间的每个位进行位状态传送、状态控制、逻辑运算操作。例如:

```
SETB  TR0              ; TR0←1
CLR   00H              ; (00H)←0
MOV   C, 57H           ; 将 57H 位地址的内容传送到位累加器 C 中
ANL   C, 5FH           ; 将 5FH 位状态与进位位 C 相与,结果在 C 中
```

6. 基址寄存器加变址寄存器间接寻址

这种寻址方式用于访问程序存储器中的数据表格,它以基址寄存器(DPTR 或 PC)的内容为基本地址,加上变址寄存器 A 的内容形成 16 位的地址,访问程序存储器中的数据表格。例如:

```
MOVC  A, @A + DPTR
MOVC  A, @A + PC
JMP   @A + DPTR
MOVC  A, @A + DPTR
```

变址寻址方式示意图如图 2-7 所示。

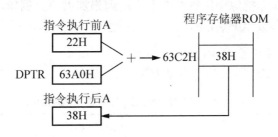

图 2-7　变址寻址方式示意图

7. 相对寻址

相对寻址以程序计数器 PC 的当前值作为基地址,与指令中给出的相对偏移量 rel 进行相加,把所得之和作为程序的转移地址。这种寻址方式用于相对转移指令中,指令中的相对偏移量是一个 8 位带符号数,用补码表示,可正可负,转移的范围为 -128~+127。使用中应注意 rel 的范围不要超出。例如:

```
JZ LOOP
DJNE  R0, DISPLAY
```

2.4　数据传送类指令

数据传送类指令一般的操作是把源操作数传送到指令所指定的目标地址。指令执行后,源操作数保持不变,目的操作数为原操作数所替代。

数据传送类指令用到的助记符有：MOV、MOVX、MOVC、XCH、XCHD、PUSH、POP、SWAP。

一般数据传送指令由助记符"MOV"表示。

格式：MOV　［目的操作数］，［源操作数］。

功能：目的操作数←（源操作数中的数据）。

源操作数可以是：A、Rn、direct、@Ri、♯data。

目的操作数可以是：A、Rn、direct、@Ri。

数据传送指令一般不影响标志，只有一种堆栈操作可以直接修改程序状态字 PSW，这样，可能使某些标志位发生变化。

1. 以累加器为目的操作数的内部数据传送指令

以累加器为目的操作数的内部数据传送指令见表 2-3。

表 2-3　累加器为目的操作数的内部数据传送指令

MOV	A，Rn	；A ←(Rn)
MOV	A，direct	；A ←(direct)
MOV	A，@Ri	；A ←((Ri))
MOV	A，♯data	；A ←data

这组指令的功能是：把源操作数的内容传送到累加器 A。例如，MOV　A，♯10H，该指令执行时，将立即数 10H（在 ROM 中紧跟在操作码后）传送到累加器 A 中。

2. 数据传送到工作寄存器 Rn 的指令

数据传送到工作寄存器 Rn 的指令见表 2-4。

表 2-4　数据传送到工作寄存器 Rn 的指令

MOV	Rn，A	；Rn ←(A)
MOV	Rn，direct	；Rn ←(direct)
MOV	Rn，♯data	；Rn ←data

这组指令的功能是：把源操作数的内容送入当前工作寄存器区的 R0~R7 中的某一个寄存器。指令中，Rn 在内部数据存储器中的地址由当前的工作寄存器区选择位 RS1、RS0 确定，可以是 00H~07H、08H~0FH、10H~17H、18H~1FH。例如，MOV R0，A，若当前 RS1、RS0 设置为 00（即工作寄存器 0 区），执行该指令时，将累加器 A 中的数据传送至工作寄存器 R0（内部 RAM 00H）单元中。

3. 数据传送到内部 RAM 单元或特殊功能寄存器 SFR 的指令

数据传送到内部 RAM 单元指令见表 2-5。

表 2 - 5　数据传送到内部 RAM 单元指令

MOV	direct，A	; direct ←(A)
MOV	direct，Rn	; direct ←(Rn)
MOV	direct1，direct2	; direct1 ←(direct2)
MOV	direct，@Ri	; direct ←((Ri))
MOV	direct，♯data	; direct ←♯data
MOV	@Ri，A	; (Ri ←(A)
MOV	@Ri，direct	; (Ri)←(direct)
MOV	@Ri，♯data	; (Ri)←data
MOV	DPTR，♯data16	; DPTR ←data16

　　这组指令的功能是：把源操作数的内容送入内部 RAM 单元或特殊功能寄存器。其中第三条指令和最后一条指令都是三字节指令。第三条指令的功能很强，能实现内部 RAM 之间、特殊功能寄存器之间，或特殊功能寄存器与内部 RAM 之间的直接数据传送。最后一条指令是将 16 位的立即数送入数据指针寄存器 DPTR 中。

　　片内数据 RAM 及寄存器的数据传送指令 MOV、PUSH 和 POP 共 18 条，如图 2 - 8 所示。

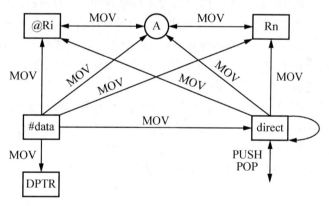

图 2 - 8　片内 RAM 及寄存器的数据传送指令

4. 累加器 A 与外部数据存储器之间的传送指令

累加器 A 与外部数据存储器之间的传送指令见表 2 - 6。

表 2 - 6　累加器 A 与外部数据存储器之间的传送指令

MOVX	A，@DPTR	; A ←(DPTR)
MOVX	A，@Ri	; A ←((Ri))
MOVX	@DPTR，A	; (DPTR)←A
MOVX	@Ri，A	; (Ri)←A

　　这组指令的功能是：在累加器 A 与外部数据存储器 RAM 单元或 I/O 口之间进行数

据传送前两条指令执行时，P3.7引脚上输出$\overline{RD}$有效信号，用作外部数据存储器的读选通信号；后两条指令执行时，P3.6引脚上输出$\overline{WR}$有效信号，用作外部数据存储器的写选通信号。DPTR所包含的16位地址信息由P0(低8位)和P2(高8位)输出，而数据信息由P0口传送，P0口作为分时复用的总线。由Ri作为间接寻址寄存器时，P0口上分时Ri指定的8位地址信息及传送8位数据，指令的寻址范围只限于外部RAM的低256个单元。

片外数据存储器数据传送指令MOVX共4条，如图2-9所示。

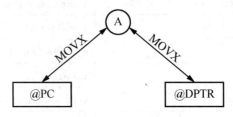

图2-9 片外数据存储器数据传送指令

5. 程序存储器内容送累加器

```
MOVC A, @A + PC
MOVC A, @A + DPTR
```

这是两条很有用的查表指令，可用来查找存放在外部程序存储器中的常数表格。第一条指令以PC作为基址寄存器，A的内容作为无符号数和PC的内容(下一条指令的起始地址)相加后得到一个16位的地址，并将该地址指出的程序存储器单元的内容传送到累加器A。这条指令的优点是不改变特殊功能寄存器PC的状态，只要根据A的内容就可以取出表格中的常数。缺点是表格只能放在该条指令后面的256个单元之中，表格的大小受到了限制，而且表格只能被一段程序所利用。

第二条指令以DPTR作为基址寄存器，累加器A的内容作为无符号数与DPTR内容相加，得到一个16位的地址，并把该地址指出的程序存储器单元的内容送到累加器A。这条指令的执行结果只与指针DPTR及累加器A的内容有关，与该指令存放的地址无关。因此，表格的大小和位置可以在64KB程序存储器中任意安排，并且一个表格可以为各个程序块所共用。

程序存储器查表指令MOVC共两条，如图2-10所示。

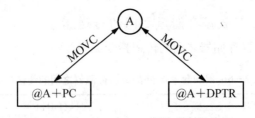

图2-10 片外数据存储器数据传送指令

6. 堆栈操作指令

```
PUSH  direct
POP   direct
```

在 AT89C51 单片机的内部 RAM 中，可以设定一个先进后出、后进先出的区域，称为堆栈。在特殊功能寄存器中有一个堆栈指针 SP，它指出栈顶的位置。进栈指令的功能是：首先将堆栈指针 SP 的内容加 1，然后将直接地址所指出的内容送入 SP 所指出的内部 RAM 单元；出栈指令的功能是：将 SP 所指出的内部 RAM 单元的内容送入由直接地址所指出的字节单元，接着将 SP 的内容减 1。

例如，进入中断服务程序时，把程序状态寄存器 PSW、累加器 A、数据指针 DPTR 进栈保护。设当前 SP 为 60H。则程序段

```
PUSH    PSW
PUSH    ACC
PUSH    DPL
PUSH    DPH
```

执行后，SP 内容修改为 64H，而 61H、62H、63H、64H 单元中依次输入 PSW、A、DPL、DPH 的内容，当中断服务程序结束之前，如下程序段（SP 保持 64H 不变）

```
POP     DPH
POP     DPL
POP     ACC
POP     PSW
```

指令执行之后，SP 内容修改为 60H，而 64H、63H、62、61H 单元的内容依次弹出到 DPH、DPL、A、PSW 中。

AT89C51 提供一个向上的堆栈，因此 SP 设置初值时，要充分考虑堆栈的深度，要留出适当的单元空间，满足堆栈的使用。

7. 字节交换指令

数据交换主要是在内部 RAM 单元与累加器 A 之间进行，有整字节和半字节两种交换。

1）整字节交换指令

整字节交换指令见表 2-7，字节交换指令示意图如图 2-11 所示。

表 2-7　整字节交换指令

XCH	A，Rn	；$(A) \leftrightarrows (Rn)$	
XCH	A，direct	；$(A) \leftrightarrows (direct)$	
XCH	A，@Ri	；$(A) \leftrightarrows ((Ri))$	

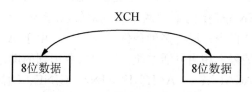

图 2-11　字节交换指令示意图

2）半字节交换指令

字节单元与累加器 A 进行低 4 位的半字节数据交换，只有一条指令：XCHD A，@Ri，如图 2 - 12 所示。

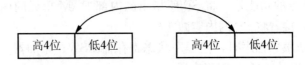

图 2 - 12　半字节交换指令示意图

3）累加器高低半字节交换指令

累加器高低半字节交换指令只有一条：SWAP A，如图 2 - 13 所示。

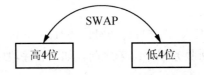

图 2 - 13　累加器高低半字节交换示意图

【例 2 - 1】　（R0）＝30H，（A）＝65H，（30H）＝8FH。

执行指令：

```
XCH   A, @R0    ; (R0) = 30H, (A) = 8FH, (30H) = 65H
XCHD  A, @R0    ; (R0) = 30H, (A) = 6FH, (30H) = 85H
SWAP  A         ; (A) = 56H
```

数据交换指令 XCH、XCHD 和 SWAP 共 5 条，如图 2 - 14 所示。

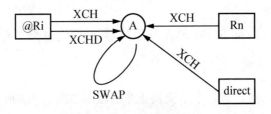

图 2 - 14　数据交换指令

2.5　控制转移类指令

控制转移指令共有 17 条，不包括按布尔变量控制程序转移指令。其中有 64K 范围的长调用、长转移指令；2KB 范围的绝对调用和绝对转移指令；有全空间的长相对转移和一页范围内的短相对转移指令；还有多种条件转移指令。由于 AT89C51 提供了较丰富的控制转移指令，因此在编程上相当灵活方便。这类指令用到的助记符共有 10 种：AJMP、LJMP、SJMP、JMP、ACALL、LCALL、JZ、JNZ、CJNE、DJNZ。

1. 无条件转移指令

1）绝对转移指令

```
AJMP    addr11
```

这是 2KB 范围内的无条件跳转指令，执行该指令时，先将 PC＋2，然后将 addr11 送入 PC10～PC0，而 PC15～PC11 保持不变。这样得到跳转的目的地址。需要注意的是，目的地址与 AJMP 后一条指令的第一个字节必须在同一个 2KB 区域的存储器区域内。这是一条二字节指令，其指令格式为：

A_{10} A_9 A_8	0	0	0	0	1
A_7 A_6 A_5	A_4	A_3	A_2	A_1	A_0

操作过程可表示为：

$$PC \leftarrow (PC) + 2$$
$$PC10 \sim 0 \leftarrow addr11$$

例如，程序存储器的 2070H 地址单元有绝对转移指令：

```
2070H    AJMP    16AH(00101101010B)
```

因此指令的机器代码为：

0	0	1	0	0	0	0	1
0	1	1	0	1	0	1	0

程序计数器 PC 当前＝PC＋2＝2070H＋02H＝2072H，取其高 5 位 00100 和指令机器代码给出的 11 位地址 00101101010 最后形成的目的地址为 00100001011010 10B＝216AH。

2）相对转移指令

```
SJMP    rel
```

执行指令时，先将 PC＋2，再把指令中带符号的偏移量加到 PC 上，得到跳转的目的地址送入 PC，即

$$目标地址＝源地址＋2＋rel$$

源地址是 SJMP 指令操作码所在的地址。相对偏移量 rel 是一个用补码表示的 8 位带符号数，转移范围为当前 PC 值的－128～＋127 共 256 个单元。

若偏移量 rel 取值为 FEH（－2 的补码），则目标地址等于源地址，相当于动态停机，程序终止在这条指令上，停机指令在调试程序时很有用。AT89C51 没有专用的停机指令，若要求动态停机可用 SJMP 指令来实现：

```
HERE: SJMP   HERE     ;动态停机(80H, FEH)
```

或写成：

```
HERE  SJMP   $        ;"$"表示本指令首字节所在单元的地址，使用它可省略标号
```

3) 长跳转指令

```
LJMP    addr16    ; PC ← addr16
```

执行该指令时，将16位目标地址 addr16 装入 PC，程序无条件转向指定的目标地址。转移指令的目标地址可在64KB程序存储器地址空间的任何地方，不影响任何标志。

4) 间接转移指令(散转指令)

```
JMP    @A+DPTR       ; PC ← (A) + (DPTR)
```

这条指令的功能是把累加器 A 中的8位无符号数与数据指针 DPTR 的16位数相加(模216)，相加之和作为下一条指令的地址送入 PC 中，不改变 A 和 DPTR 的内容，也不影响标志。间接转移指令采用变址方式实现无条件转移，其特点是转移地址可以在程序运行中加以改变。例如，当把 DPTR 作为基地址且确定时，根据 A 的不同值就可以实现多分支转移，故一条指令可完成多条条件判断转移指令功能。这种功能称为散转功能，所以间接指令又称散转指令。

2. 条件转移指令

条件转移指令见表2-8。

表2-8　条件转移指令

JZ	rel	; (A)=0 转移
JNZ	rel	; (A)≠0 转移

这类指令是依据累加器 A 的内容是否为0的条件转移指令。条件满足时转移(相当于一条相对转移指令)，条件不满足时则顺序执行下面一条指令。转移的目标地址在以下一条指令的起始地址为中心的256个字节范围之内(−128～+127)，如图2-15所示。当条件满足时，PC←(PC)+2+ rel，其中(PC)为该条件转移指令的第一个字节的地址。

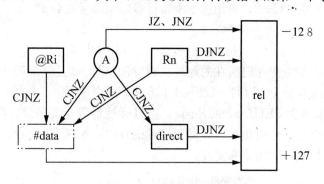

图2-15　条件转移类指令

3. 比较转移指令

在 AT89C51 中没有专门的比较指令，但提供了表2-9中4条比较不相等转移指令。

表 2-9　比较转移指令

CJNE	A，direct，rel	；(A)≠(direct)转移
CJNE	A，#data，rel	；(A)≠data 转移
CJNE	Rn，#data，rel	；(Rn)≠data 转移
CJNE	@Ri，#data，rel	；((Ri))≠data 转移

这组指令的功能是：比较前面两个操作数的大小，如果它们的值不相等则转移。转移地址的计算方法与上述两条指令相同。如果第一个操作数(无符号整数)小于第二个操作数，则进位标志 Cy 置"1"，否则清零，但不影响任何操作数的内容。

4．减 1 不为 0 转移指令

```
DJNZ  Rn, rel          ; Rn ←(Rn)－1≠0 转移
DJNZ  direct, rel      ; direct ←(direct)－1≠0 转移
```

这两条指令把源操作数减 1，结果回送到源操作数中去，如果结果不为 0 则转移。

5．调用及返回指令

在程序设计中，通常把具有一定功能的公用程序段编成子程序，当子程序需要使用子程序时用调用指令，而在子程序的最后安排一条子程序返回指令，以便执行完子程序后能返回主程序继续执行。

1）绝对调用指令

```
ACALL  addr11
```

这是一条 2KB 范围内的子程序调用指令，其指令格式为：

A_{10} A_9 A_8	1 0 0 0 1
A_7 A_6 A_5	A_4 A_3 A_2 A_1 A_0

执行该指令时，

$$PC \leftarrow PC+2$$
$$SP \leftarrow (SP)+1，(SP) \leftarrow (PC)7\sim0$$
$$SP \leftarrow (SP)+1，(SP) \leftarrow (PC)15\sim8$$
$$PC10\sim0 \leftarrow addr11$$

2）长调用指令

```
LCALL  addr16
```

这条指令无条件调用位于 16 位地址 addr16 的子程序。执行该指令时，先将 PC+3 以获得下条指令的首地址，并把它压入堆栈(先低字节后高字节)，SP 内容加 2，然后将 16 位地址放入 PC 中，转去执行以该地址为入口的程序。LCALL 指令可以调用 64KB 范围内任何地方的子程序。指令执行后不影响任何标志。其操作过程如下：

$$PC \leftarrow PC+3$$
$$SP \leftarrow (SP)+1, \quad (SP) \leftarrow (PC)7 \sim 0$$
$$SP \leftarrow (SP)+1, \quad (SP) \leftarrow (PC)15 \sim 8$$
$$PC10 \sim 0 \leftarrow addr16$$

3）子程序返回指令

RET

子程序返回指令是把栈顶相邻两个单元的内容弹出送到 PC，SP 的内容减 2，程序返回 PC 值所指的指令处执行。RET 指令通常安排在子程序的末尾，使程序能从子程序返回到主程序。

4）中断返回指令

RETI

这条指令的功能与 RET 指令类似。通常安排在中断服务程序的最后。

5）空操作指令

NOP　　　; PC ← PC + 1

空操作也是 CPU 控制指令，它没有使程序转移的功能，只消耗一个机器周期的时间。常用于程序的等待或时间的延迟。

任务实施指导

步骤一：工作原理

该系统通过开关电路 4 个按键输入抢答信号，利用一个数码管来完成显示功能，用按键来让选手进行抢答，在数码管上显示是哪一组先答题的，从而实现整个整个抢答过程。

步骤二：绘制仿真电路图

仿真电路图如图 2 - 16 所示。

步骤三：绘制程序流程图

程序流程图如图 2 - 17 所示。

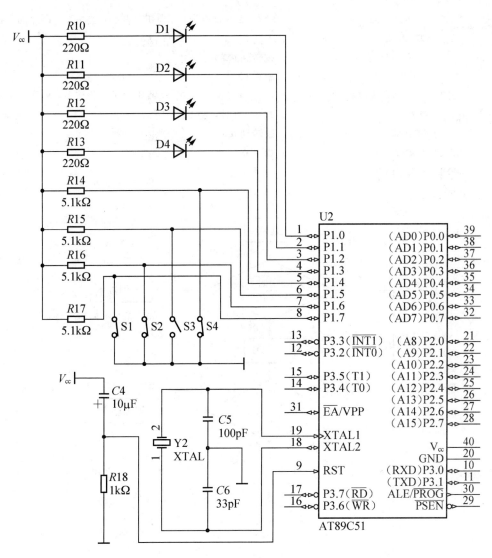

图 2 - 16　仿真电路图

步骤四：编写程序

汇编源程序：

```
      ORG 00H
START：JB P1.4，NEXT1      ; 检查 P1.4 为 0，则表示开关按下，顺序向下执行
      CLR P1.0             ; 点亮 D1
      SJMP NEX1            ; 跳转到 NEX1
NEXT1：SETB P1.0           ; 熄灭 D1
NEX1：JB P1.5，NEXT2       ; 检查 P1.5 是否为 0，为 0 则表示开关按下，顺序向下执行
      CLR P1.1             ; P1.5 = 0 时点亮 D2
      SJMP NEX2            ; 跳转到 NEX2
NEXT2：SETB P1.1           ; 熄灭 D2
```

```
NEX2：JB P1.6，NEXT3        ；检查 P1.6 是否为 0，为 0 则表示开关按下，顺序向下执行
      CLR P1.2             ；点亮 D3
      SJMP NEX3            ；跳转到 NEX3
NEXT3：SETB P1.2           ；熄灭 D3
NEX3：JB P1.7，NEXT4        ；检查 P1.7 是否为 0，为 0 则表示开关按下，顺序向下执行
      CLR P1.3            ；P1.6 = 0 时点亮 D3
      SJMP NEX4           ；跳转到 NEX4
NEXT4：SETB P1.3           ；熄灭 D3
NEX4：SJMP START           ；循环执行
END
```

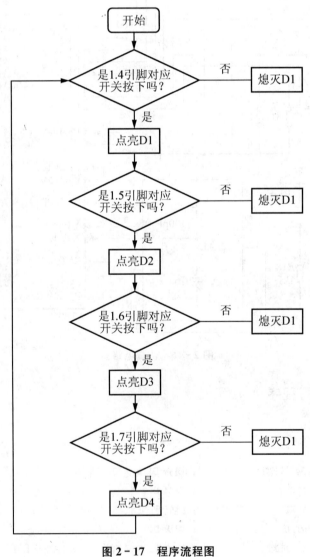

图 2-17　程序流程图

步骤五：Proteus 仿真，调试程序

调试步骤：建源码文件、加载到系统，选择微控制器及汇编器，将源码经汇编器汇编产生的目标代码加载到微控制器中，启动仿真进行源码调试。PROTEUS 仿真完成后，将单片机硬件系统板进行正确的导线连接，将生成的正确"抢答器.HEX"文件烧入至单片机中，进行现象观察。

步骤六：焊接电路

焊接对焊点的要求：电连接性能良好；有一定的机械强度；光滑圆润。

步骤七：下载程序，验证结果

通过搭建的硬件电路，观察实际电路能否正常工作，运行结果分析可以填入表 2-10 中。

表 2-10　结果分析

操作步骤		操作内容	负载	观察结果	正确结果
1		开机			
2	1	按下 S1			D1 亮，其他灭
	2	按下 S2			D2 亮，其他灭
	3	按下 S3			D3 亮，其他灭
	4	按下 S4			D4 亮，其他灭

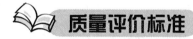

项目质量考核要求及评分标准见表 2-11。

表 2-11　质量评价表

考核项目	考核要求	配分	评分标准	扣分	得分	备注
程序设计	1. 能利用基本跳转指令设计单片机抢答器 2. 能完成 PCB 电路图绘制和封装	20	1. 输入/输出地址遗漏或写错，每处扣 2 分 2. 指令不正确，每处扣 2 分 3. 不会调用提供的延时，每条扣 2 分			
系统焊接	1. 会安装元件 2. 按图完整、正确及规范焊接 3. 按照要求编号	30	1. 元件松动扣 2 分，损坏一处扣 4 分 2. 虚焊每处扣 2 分 3. 焊接错误，每处扣 1 分			

续表

考核项目	考核要求	配分	评分标准	扣分	得分	备注
编程操作	1. 会建立程序新文件 2. 正确烧写程序 3. 正确保存文件	20	1. 不能建立程序新文件或建立错误扣4分 2. 烧写程序不正确扣2分			
运行操作	1. 操作运行系统，分析运行结果 2. 会调整参数	20	1. 系统通电操作错误，一步扣3分 2. 分析运行结果错误，一处扣2分 3. 显示错误错误，一处扣2分 4. 不会调整参数错误，扣5分			
安全生产	自觉遵守安全文明生产规程	10	1. 每违反一项规定，扣3分 2. 发生安全事故，0分处理 3. 漏接接地线一处扣5分			
时间	2 小时		提前正确完成，每5分钟加2分 超过定额时间，每5分钟扣2分			
开始时间：		结束时间：		实际时间：		

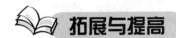

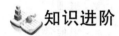

AT89C51 单片机工作方式

1. 复位方式

单片机在开机时或在工作中因干扰而使程序失控，或工作中程序处于某种死循环状态等情况下都需要复位。复位的作用是使中央处理器 CPU 及其他功能部件都恢复到一个确定的初始状态，并从这个状态开始工作。

1）复位原理

AT89C51 单片机的复位靠外部电路实现，信号由 RESET(RST)引脚输入，高电平有效，在振荡器工作时，只要保持 RST 引脚高电平两个机器周期，单片机即复位。复位后，PC 程序计数器的内容为 0000H，其他特殊功能寄存器的复位状态见表 2-12。片内 RAM 中内容不变。

表 2-12 AT89C51 特殊功能寄存器复位价一览表

SFR 符号	地址	复位值	功能名称
* ACC	0E0H	00000000B	累加器
* B	0F0H	00000000B	B 寄存器
* PSW	0D0H	00000000B	程序状态字
SP	81H	00000111B	堆栈指针

续表

SFR 符号	地址	复位值	功能名称
DPL	82H	00000000B	数据寄存器指针(低 8 位)
DPH	83H	00000000B	数据寄存器指针(高 8 位)
＊P0	80H	11111111B	P0 口锁存器
＊P1	90H	11111111B	P1 口锁存器
＊P2	0A0H	11111111B	P2 口锁存器
＊P3	0B0H	11111111B	P3 口锁存器
＊IP	0B8H	XXX00000B	中断优先级控制寄存器

2）常用复位电路

常用复位电路一般有加电复位、手动开关复位和自动复位电路 3 种，如图 2-18 所示。

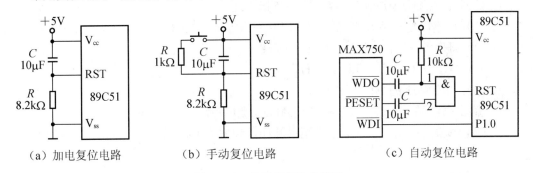

（a）加电复位电路 　　　　（b）手动复位电路 　　　　（c）自动复位电路

图 2-18　单片机复位电路图

2. 程序执行方式

程序执行方式是单片机的基本工作方式，即执行用户编写好并存放在 ROM 中的程序。

1）连续执行方式

单片机复位后，程序从 ROM 的 0000H 开始执行。在 0000H 单元中要放一条无条件转移指令，转移到实际的入口去执行。然后自始自终地一条一条连续执行下去。

2）单步执行方式

是为调试程序设置的一种方式。只出现在开发环境中可以单步执行，一次只执行一条指令，而能查看结果。

3. 省电方式

AT89 系列单片机有两种省电运行方式，即空闲方式和断电方式。省电方式可使单片机功耗最小。单片机正常工作时消耗 10～20mA 电流，空闲方式工作时消耗 1.75 mA 电流，断电方式工作时消耗 5～50μA 电流。

习 题

一、选择题

1. AT89C51 单片机的 CPU 主要的组成部分为（　　）。

A. 运算器、控制器　　　B. 加法器、寄存器

C. 运算器、加法器　　　D. 运算器、译码器

2. 单片机能直接运行的程序叫（　　）。

A. 源程序　　B. 汇编程序　　C. 目标程序　　D. 编译程序

3. 单片机中的程序计数器 PC 用来（　　）。

A. 存放指令　　　　　　B. 存放正在执行的指令地址

C. 存放下一条指令地址 D. 存放上一条指令地址

4. 单片机上电复位后，PC 的内容和 SP 的内容为（　　）。

A. 0000H，00H　　　　B. 0000H，07H

C. 0003H，07H　　　　D. 0800H，08H

5. 单片机 80C51 的 ALE 引脚是（　　）。

A. 输出高电平　　　　　B. 输出矩形脉冲，频率为 fosc 的 1/6

C. 输出低电平　　　　　D. 输出矩形脉冲，频率为 fosc 的 1/2

二、填空题

1. AT89C51 单片机引脚信号中，信号名称带上划线的表示该信号＿＿＿＿或＿＿＿＿有效。

2. AT89C51 单片机内部 RAM 的寄存器区共有＿＿＿＿个单元，其地址＿＿＿＿，分为＿＿＿＿组寄存器，每组＿＿＿＿个单元，记作＿＿＿＿。

3. 单片机系统复位后，PSW＝00H，因此内部 RAM 寄存器区的当前寄存器是第＿＿＿＿组，8 个寄存器的单元地址为＿＿＿＿。

4. 通过堆栈操作实现子程序调用，首先要把＿＿＿＿的内容入栈，以进行断点保护。调用返回时再进行出栈操作，把保护的断点送回＿＿＿＿。

5. 为寻址程序状态字的 F0 位，可使用的地址和符号有＿＿＿＿、＿＿＿＿、＿＿＿＿和＿＿＿＿。

三、判断题

1. 单片机 8031 的 $\overline{EA}$ 引脚必须接地。　　　　　　　　　　　　（　　）

2. 访问外部存贮器或其他接口芯片时，作数据线和低 8 位地址线的是 P0 口。（　　）

3. PSW 中的 RS1 和 RS0 用来选择定时器。　　　　　　　　　　　（　　）

4. 上电复位后，PSW 的值为 1。　　　　　　　　　　　　　　　（　　）

5. 单片机上电复位后，堆栈区的最大允许范围是 120 个单元。　　　（　　）

四、简答题

1. AT89C51 单片机内部包含哪些主要部件？

2. 在功能上、工艺上、程序存储器的配置上，AT89C51 单片机有哪些种类？

3. 简要说明 MCS—51 与 AT89C51 的主要区别是什么？

4. AT89C51 单片机的 P0～P3 口在结构上有何不同？

5. 单片机的片内、片外存储器如何选择？

6. 分析下面各组指令，区分它们的不同之处。

```
MOV   A, 30H      与    MOV   A, ♯30H
MOV   A, R0       与    MOV   A, @R0
MOV   A, @R1      与    MOVX  A, @R1
MOVX  A, @R0      与    MOVX  A, @DPTR
MOVX  A, @DPTR    与    MOVC  A, @A＋DPTR
```

7. 在 AT89C51 单片机的片内 RAM 中，已知（30H）＝38H，（38H）＝40H，（40H）＝48H，（48H）＝90H。请说明下面各是什么指令和寻址方式，以及每条指令执行后目的操作数的结果。

```
MOV   A, 40H
MOV   R0, A
MOV   P1, ♯0FH
MOV   @R0, 30H
MOV   DPTR, ♯1234H
MOV   40H, 30H
MOV   R0, 38H
MOV   P0, R0
MOV   28H, ♯30H
MOV   A, @R0
```

8. 已知（A）＝23H，（R1）＝65H，（DPTR）＝1FECH，片内 RAM（65H）＝70H，ROM（205CH）＝64H。试分析下列各条指令执行后目标操作数的内容。

```
MOV   A, @R1
MOVX  @DPTR, A
MOVC  A, @A＋DPTR
XCHD  A, @R1
```

汽车左右转向灯设计

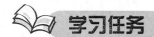

学习目标

1. 掌握单片机伪指令。
2. 掌握算术运算指令。
3. 掌握逻辑运算指令。
4. 掌握控制程序转移指令及位指令。
5. 学会汽车左右转向灯控制电路原理图的设计和汇编语言程序编写方法。

学习任务

3.1 项目任务

本系统的任务是设计汽车转弯信号灯控制。汽车转弯信号灯示意图如图 3-1 所示。

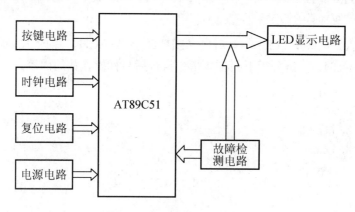

图 3-1 汽车转向灯示意图

本设计是设计一个单片机控制系统。在汽车进行左转弯、右转弯、制动、闭合紧急开关、停靠等操作时，实现对各种信号指示灯的控制。本设计主要是对单片机的并行输入/输出口电路的应用，通过 I/O 口控制发光二极管的亮、灭、闪烁，加上一些复位电路、按键电路、驱动电路来模拟汽车尾灯的功能。

汽车在驾驶时有左转弯、右转弯、制动、闭合紧急开关、停靠等操作。在左转弯或右转弯时，通过转弯操作杆应使左转开关或右转开关合上，从而使左头灯、仪表板左转弯灯、左尾灯或右头灯、仪表板右转弯灯、右尾灯闪烁；闭合紧急开关时要求前面所述的 6 个信号灯全部闪烁；汽车制动时，两个尾灯点亮；如正当转弯时制动，则转弯时原应闪烁的信号灯仍应闪烁。以上闪烁，都是频率为 1Hz 的低频闪烁；在汽车停靠而停靠开关合上时，左头灯、右头灯、左尾灯、右尾灯按频率为 10Hz 的高频闪烁。通过做实物、编写程序，完成设计的要求。通过该设计，对单片机的认识有更进一步的了解，对单片机的各个口的功能作用了解加深，对 Protel 的应用更加熟练，对设计系统有了解，掌握一些设计方法。

任务要求

　　设计要求模拟汽车在驾驶中的左转弯、右转弯、制动、闭合紧急开关、停靠等操作。在左转弯或右转弯时，通过转弯操作杆使左转弯或右转弯开关合上，从而使左头信号灯、仪表板的左转弯灯、左尾信号灯或右头信号灯、仪表板的右转弯信号灯、右尾信号灯闪烁；闭合紧急开关时以上 6 个信号灯全部闪烁；汽车制动时，左右两个尾信号灯点亮；若正当转弯时制动，则转弯时原闪烁的信号灯应继续闪烁，同时另一个尾信号灯点亮，以上闪烁的信号灯以 1Hz 频率慢速闪烁；在汽车停靠开关合上时左头信号灯、右头信号灯、左尾信号灯、右尾信号灯以 10Hz 频率快速闪烁。任何上述未出现的组合，都将出现故障指示灯闪烁，闪烁频率为 10Hz。

3.2　任务流程图

　　本项目的具体学习过程如图 3-2 所示。

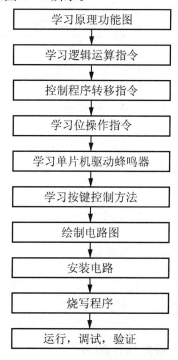

图 3-2　任务流程图

学习所需工具、设备见表3-1。

表3-1　汽车转弯灯元器件清单

序号	分类	名称	型号规格	数量	单位	备注
1	工具	万用表		1	块	
2		电烙铁		1	只	
3		焊锡丝		若干	米	
4		直流稳压电源		1	台	
5		编程烧写器		1	台	
6		导线		若干	条	
7		万用板		1	块	
1	电子元器件	IC芯片	AT89C51	1	片	
2		瓷片电容	33pF	1	只	
3		瓷片电容	100pF	1	只	
4		瓷片电容	104pF	1	只	
5		晶振	12MHz	1	只	
6		电解电容	10μF/25V	1	只	
7		电解电容	47μf/25V	1	只	
8		电阻	5.1kΩ	4	只	
9		电阻	1kΩ	2	只	
10		发光二极管		7	只	
11		USB公对公头连接线		1	条	
12		USB母座	5脚	1	只	
13		40脚普通IC插座		1	只	
14		单刀开关		5	只	

背景知识

3.3　指令系统概述

指令是让计算机执行某种特定操作的命令，通常一条指令对应一种基本操作，如MOV指令对应数据传送操作，ADD指令对应数据加法操作等。一台计算机的CPU所能执行的全部指令的集合称为这个 CPU 的指令系统。指令系统功能的强弱决定了计算机性能的高低。

89C51 单片机的指令系统由 111 条指令组成，具有执行时间短、指令编码字节少和位操作指令丰富的特点。本章将介绍 89C51 单片机的指令系统中每条汇编指令的格式、功能、使用方法。下面首先介绍单片机常用编程语言及汇编指令的格式。

1. 单片机常用编程语言

单片机的编程语言很多，大致分成 3 类：机器语言、汇编语言、高级语言。

1）机器语言

机器语言是由 1 和 0 两个二进制数码组成的，是唯一能直接在计算机上运行的语言。

2）汇编语言

用助记符来描述指令的语言称为汇编语言。

用汇编语言写出的程序称为汇编语言程序。汇编语言程序必须翻译为二进制机器语言才能送给计算机执行，这个过程称为汇编。但是不同类型的单片机，其汇编语言可能有差异，所以不易移植。

3）高级语言

高级语言则是一种不依赖于硬件，更接近人们思维习惯、易为人们理解、有很强描述和解题方法的程序设计语言。它直观、易学、通用性强，便于移植到不同类型的机器上使用。计算机不能直接执行高级语言，要通过编译或解释程序，将其翻译成为机器语言，才能被执行。

综上所述，单片机的 3 种编程语言各有各的优缺点，作为单片机学习者，本书建议应该先学习汇编语言。因为汇编语言程序除了具有简洁明快、跳跃性强、占 ROM 资源少等优点以外，而且它和单片机底层硬件紧密联系，可以让用户更加了解单片机硬件系统各种资源，熟悉各个功能模块的作用，从而为编出更高效率的程序打好扎实的基础。

2. 语言格式及注释

[标号：]操作码[操作数][；注释]

方括号[ ]表示该项是可选项，可有可无。

1）标号

标号是语句地址的标志符号，用于引导对该语句的非顺序访问。有关标号的规定为：

标号由 1～8 个 ASCII 字符组成；第一个字符必须是字母，其余字符可以是字母、数字或其他特定字符；不能使用该汇编语言已经定义了的符号作为标号，如指令助记符、寄存器符号名称等；标号后边必须跟冒号。

2）操作码

操作码用于规定语句执行的操作。它是汇编语句中唯一不能空缺的部分。它由指令助记符表示。

3）操作数

操作数用于给指令的操作提供数据或地址。

4）注释

注释不属于汇编语句的功能部分，它只是对语句的说明。注释字段可以增加程序的可读性，有助于编程人员的阅读和维护。注释字段必须以分号";"开头，长度不限，当一行书写不下时，可以换行接着书写，但换行时应注意在开头使用分号";"。

■ 3.4 伪指令

汇编语言必须经汇编变成机器语言才能被计算机执行，汇编程序对用汇编语言编写的源程序进行汇编时，还要提供一些汇编用的指令。例如，要指定程序或数据存放的起始地址；要给一些连续存放的数据确定单元等。但是，这些指令在汇编时不产生目标代码，不影响程序的执行，所以称为伪指令。

伪指令的功能：在汇编程序中，用于指示汇编程序如何对源程序进行汇编。

对伪指令的处理：不同于指令，在汇编时并不翻译成机器代码，只是在汇编过程进行相应的控制和说明。

伪指令的具体作用：通常在汇编程序中用于定义数据、分配存储空间、控制程序的输入/输出等。

在 AT89C51 系统中，常用的伪指令有以下 7 条。

1. ORG 伪指令

ORG 伪指令称为起始汇编伪指令，常用于汇编语言某程序段的开始或某个数据块的开始。一般格式为：

　　［标号：］ORG 16　位地址

其标号为可选项。

例如：

```
ORG 0000H
SJMPMAIN
ORG 000BH
SJMP DS0
MAIN：MOV TMOD, ＃61H
……
DS0： MOV TH0, ＃3CH
……
RETI
DS1：
……
RETI
```

2. END 伪指令

END 伪指令称为结束汇编伪指令，汇编器对其后的程序语句不予处理。

一个源程序只在主程序最后使用一个 END。

例如：

```
ORG   0030H
```

```
MOV  A，#46H
ADD  A，#56H
END
```

3. EQU 伪指令

EQU 伪指令称为赋值伪指令。一般格式为：

符号名　EQU 表达式（常数、常数表达式、字符串或地址标号）

EQU 的功能是将右边的项赋值给左边。符号名必须是以字母开头的字母数字串，必须是先前未定义过的。

例如：

```
STD  EQU  4000H
```

4. DATA 伪指令

DATA 伪指令称为数据地址赋值伪指令。其一般格式为：

符号名　DATA　常数或常数表达式

DATA 的功能也是将右边的项赋值给左边。该伪指令是用于定义片内数据区变量。与 DATA 类似的还有一条伪指令 XDATA，用于定义片外数据区变量。

例如：

```
SRT  DATA  25H
```

5. BIT 伪指令

BIT 伪指令称为位地址符号伪指令。其格式为：

符号名　BIT　位地址

BIT 伪指令的功能是把右边的地址赋给左边的符号名。位地址可以是前面所述的 4 种形式中的任一种。例如：

```
WELA  BIT  P1.6
```

6. DB 伪指令

DB 伪指令称为定义字节伪指令。其格式为：

［标号：］DB 项（字节数据、字节数表或字符、字符串）

它的功能是从指定单元开始定义（存储）若干个字节的数据或字符、字符串，字符或字符串需要用引号（单引号或双引号均可）括起来，即用 ASCII 码表示。例如：

```
TABLE: DB  32，24H，"B"，'HELLO'
```

7. DW 伪指令

一般格式为：

［标号：］DW　字数据或字数据表

DW 的功能与 DB 类似，通常 DB 用于定义数据表，DW 用于定义 16 位的地址表。汇编以后，每个 16 位地址按照低位地址存低位字节，高位地址存高位字节的顺序存放。

例如：

```
TABLE2: DW  10002H,1234H
```

注意：高字节存放在前，低字节存放在后。

◾ 3.5 算术运算指令

指令内容：包括加、减、乘、除、BCD 码调整等指令，共有 24 条。

CPU 的运算能力：只能执行无符号二进制整数运算，可以借助于溢出标志位、现有符号数的补码运算；借助于进位标志，可以实现多精度加、减运算。

对标志位的影响：结果会影响进位标志 CY、半进位标志 AC、溢出标志 OV、奇偶标志位 P，但加 1 和减 1 指令不影响这些标志位。

指令中的操作数：多数以累加器 A 作为第一操作数，第二操作数可以是工作寄存器 Rn、直接地址数据、间接地址数据和立即数。即第一操作数：多为 A，第二操作数：Rn、direct、@Ri、♯data。

为了便于讨论，将其分为 5 个类型。

1. 加法指令

加法指令分为不带进位加法、带进位加法和加 1 指令。

1）不带进位加法指令 ADD

```
ADD  A,Rn      ; (A)+(Rn)→A
ADD  A,direct  ; (A)+(direct)→A
ADD  A,@Ri     ; (A)+((Ri))→A
ADD  A,♯data   ; (A)+ data→A
```

这组指令影响标志位 CY、AC、OV 和 P，溢出标志 OV 只对有符号运算有意义。

2）带进位加法指令 ADDC

```
ADDC  A,Rn      ; (A)+(Rn)+ CY→A
ADDC  A,direct  ; (A)+(direct)+CY→A
ADDC  A,@Ri     ; (A)+((Ri))+CY→A
ADDC  A,♯data   ; (A)+data+CY→A
```

这组指令影响标志位 CY、AC、OV 和 P，溢出标志 OV 只对有符号运算有意义。

【例 3-1】 试编写程序，把 R1R2 和 R3R4 中的两个 16 位数相加，结果存放在 R5R6 中。

思路：先对两个低字节相加，再对两个高字节相加。

（1）低字节 R2 和 R4 相加：使用 ADD，其和存放于 R6 中；

（2）高字节 R1 和 R3 相加：使用 ADDC，其和存放于 R5 中。

程序段如下：

```
MOV  A, R2      ; (R2)→ A
ADD  A, R4      ; (A) + (R4)→ A
MOV  R6, A      ; (A)→ R6
MOV  A, R1      ; (R1)→ A
ADD  C  A, R3   ; (A) + (R3) + CY→A
MOV  R5, A      ; (A)→ R5
```

3）加 1 指令 INC

```
INC  A          ; (A) + 1 → A
INC  Rn         ; (Rn) + 1 → Rn
INC  direct     ; (direct) + 1 → direct
INC  @Ri        ; ((Ri)) + 1 →(Ri)
INC  DPTR       ; (DPTR) + 1 → DPTR
```

这组指令除了第一条影响标志位 P 之外，其他指令不影响标志位。

2. 减法指令

减法指令分为带借位减法指令和减 1 指令。

1）带借位减法指令 SUBB

```
SUBB  A, Rn     ; (A) − (Rn) − CY→A
SUBB  A, direct ; (A) − (direct) − CY→A
SUBB  A, @Ri    ; (A) − ((Ri)) − CY→A
SUBB  A, #data  ; (A) − data − CY→A
```

这组指令影响标志位 CY、AC、OV 和 P，溢出标志 OV 只对有符号数运算有意义。

由于 AT89C51 单片机没有不带借位的减法指令，对于不带借位的减法运算，可以先对 CY 清零，然后再用 SUBB 命令操作。

【例 3 - 2】 试编写实现"R2-R1 → R3"功能的程序。

程序段如下：

```
MOV  A, R2
CLR  C          ; 对 CY 清零
SUBB A, R1
MOV  R3, A
```

2）减 1 指令 DEC

```
DEC  A          ; (A) − 1 → A
DEC  Rn         ; (Rn) − 1→Rn
DEC  direct     ; (direct) − 1→direct
DEC  @Ri        ; ((Ri)) − 1→(Ri)
```

这组指令除了第一条影响标志位 P 之外，其他指令不影响标志位。

3. 乘法指令 MUL

在 AT89C51 单片机中，乘法指令只有一条。

```
MUL  AB          ；(A)×(B)→B(高字节)、A(低字节)
```

操作：把累加器 A 和寄存器 B 中两个 8 位无符号数相乘，所得的 16 位积的高字节存放在 B 中，低字节存放在 A 中。

对标志位的影响：若乘积大于 0FFH，OV 置 1，说明高字节 B 中不为 0，否则 OV 清零；影响 P 标志位；对 CY 总是清零。

【例 3-3】 设(A)＝50H，(B)＝0A0H，分析执行指令"MUL AB"后的结果。

指令执行后的结果为：

(B)＝32H，(A)＝00H

即乘积为 3200H，Cy＝0，OV＝1。

4. 除法指令 DIV

在 AT89C51 单片机中，除法指令只有一条。

```
DIV  AB          ；(A)/(B)，商→A、余→B
```

操作：A 的内容除以 B 的内容(均为无符号整数)，所得结果的整数商存放在 A 中，余数存放在 B 中。

对标志位的影响：如果除数(B)＝0，则标志位 OV 置 1，否则清零；影响 P 标志位；CY 总是被清零。

5. 十进制调整指令 DA

十进制调整指令只有一条。

```
DA  A            ；调整 A 内容为 BCD 码
```

调整方法：若 A 的低(高)4 位为十六进制的 A～F，或者标志位 AC(CY)为 1，则 A 的内容加 06H(60H)调整。

适用场合：用于 ADD 或 ADDC 指令后，且只能用于压缩的 BCD 码相加结果的调整。

对标志位的影响：影响 CY、AC 和 P，但不影响 OV。

【例 3-4】 试编写程序，对两个十进制数 76、58 相加，并且保持其结果为十进制数，把结果存于 R3 中。程序段如下：

```
MOV  A, ♯76H
ADD  A, ♯58H
DA   A
MOV  R3,A
```

程序执行后，R3 中的内容为 34H，进位标志 CY 为 1，则最后结果为 134。编程时，注意对 BCD 码的写法：要按十进制数格式写，然后在其后面加上 H。

3.6　逻辑操作指令

逻辑操作指令包括与、或、异或、清零、求反、移位等操作指令，共有 24 条。
指令中的操作数：

A、Rn、direct、@Ri、♯data

对标志位的影响：一般不影响标志位。如果累加器 A 为目的操作数，会影响奇偶标志 P；如果带进位位作移位操作，会影响进位标志 CY。

1. 逻辑与指令 ANL

```
ANL  A, Rn            ; (A)∧(Rn)→A
ANL  A, direct        ; (A)∧(direct)→A
ANL  A, @Ri           ; (A)∧((Ri))→A
ANL  A, ♯data         ; (A)∧data→A
ANL  direct, A        ; (direct)∧(A)→direct
ANL  direct, ♯data    ; (direct)∧data→direct
```

逻辑与操作往往用于使某些位清零。这组指令仅前 4 条影响奇偶标志位 P。

2. 逻辑或指令 ORL

```
ORL  A, Rn            ; (A)∨(Rn)→A
ORL  A, direct        ; (A)∨(direct)→A
ORL  A, @Ri           ; (A)∨((Ri))→A
ORL  A, ♯data         ; (A)∨data→A
ORL  direct, A        ; (direct)∨(A)→direct
ORL  direct, ♯data    ; (direct)∨data→direct
```

逻辑或操作往往用于使某些位置 1。
这组指令仅前 4 条影响奇偶标志位 P。

3. 逻辑异或指令 ORL

```
XRL  A, Rn            ; (A)⊕(Rn)→A
XRL  A, direct        ; (A)⊕(direct)→A
XRL  A, @Ri           ; (A)⊕((Ri))→A
XRL  A, ♯data         ; (A)⊕data→A
XRL  direct, A        ; (direct)⊕(A)→direct
XRL  direct, ♯data    ; (direct)⊕data→direct
```

逻辑异或操作往往用于使某些位取反。用 1 异或使对应位取反。这组指令仅前 4 条影响奇偶标志位 P。

【例 3-5】写出完成以下各功能的指令。
(1) 只对累加器 A 中的 1、3、5 位清零；
(2) 只对 A 中的 2、4、6 位置 1；
(3) 只对 A 中的 0、1、6、7 位取反。

对应指令如下：

```
ANL  A, ♯11010101B
ORL  A, ♯01010100B
XRL  A, ♯11000011B
```

4. 循环移位指令

循环移位指令主要有 4 条，分为不带进位位移位和带进位位移位指令。具体指令如下：

```
RL   A    ; 累加器 A 循环左移一位
RR   A    ; 累加器 A 循环右移一位
RLC  A    ; 累加器 A 带进位位循环左移一位
RRC  A    ; 累加器 A 带进位位循环右移一位
```

说明：

(1) 这 4 条指令，每执行一次只移动 1 位；

(2) 左移一次相当于乘以 2，右移一次相当于除以 2。

对标志位影响：仅后两条指令影响 CY 和 P。

■ 3.7 指令系统之位操作指令

1. 位指令概述

AT89C51 系列单片机的特色之一就是具有丰富的位处理功能。在其硬件结构中，有一个位处理机(布尔处理机)，它具有一套处理位变量的指令集，共有 17 条位操作指令。位操作类指令的操作对象为片内 RAM 中的位寻址区合和特殊功能寄存器中可以进行位寻址的各位。下面将详细介绍单片机的位操作类指令及其用法。

在进行位操作时，位累加器 C 即为进位标志 CY。

位地址区域：

(1) 片内 RAM 字节地址 20H～2FH 单元中连续的 128 个位(位地址为 00H～7FH)；

(2) 部分 SFR 中的位，特别是累加器 A 和寄存器 B 中的位，与 00H～7FH 位一样，都可以作为软件标志或位变量。

位地址的 4 种表示方式：

(1) 直接位地址(00H～FFH)，如 18H。

(2) 字节地址带位号，如 20H.0，表示 20H 单元的第 0 位。

(3) 特殊功能寄存器名带位号，如 P2.3，表示 P2 口的第 3 位。

(4) 位符号地址，可以是特殊功能寄存器位名，也可以是用位地址符号命令"BIT"定义的位符号，如 flag(flag 应在这之前定义过，如"flag BIT 05H")。

例如，用上述 4 种方式都可以表示 PSW(D0H)中的第 2 位，分别为 D2H、D0H.2、PSW.2、OV。

位操作指令共有 17 条，可以将其分成位数据传送指令、位逻辑操作指令、位控制转移指令 3 组进行讨论。

2. 具体位指令

1) 位传送指令

```
MOV  C, bit     ; (bit)→C
MOV  bit, C     ; (C)→bit
```

【例3-6】　编写程序，把片内 RAM 中 07H 位的数值，传送到 ACC.0 位。

程序段如下：

```
MOV  C, 07H
MOV  ACC.0, C
```

注意：位之间不能够直接传送，必须借助于 C。

2) 位逻辑操作指令

位逻辑操作指令包括位清零、位置1、位取反、位与、位或，共10条指令。

（1）位清零指令。

```
CLR  C          ; 0→C
CLR  bit        ; 0→bit
```

（2）位置1指令。

```
SETB  C         ; 1→C
SETB  bit       ; 1→bit
```

（3）位取反指令。

```
CPL  C          ; (C)→C
CPL  bit        ; (bit)→bit
```

（4）位与指令。

```
ANL  C, bit     ; (C)∧(bit)→C
ANL  C, bit     ; (C)∧(bit)→C
```

（5）位或指令。

```
ORL  C, bit     ; (C)∨(bit)→C
ORL  C, bit     ; (C)∨(bit)→C
```

3) 位转移指令

位转移指令是判断 C 或 bit 为条件的转移指令，共5条指令。

（1）以 C 为条件的转移指令。

```
JC  rel        ; 若(C)=1，则(PC)+rel→PC；否则顺序向下执行
JNC  rel       ; 若(C)=0，则(PC)+rel→PC；否则顺序向下执行
```

（2）以 bit 为条件的转移指令。

```
JB  bit, rel    ; 若(bit)=1，则(PC)+rel→PC；否则顺序向下执行
JNB  bit, rel   ; 若(bit)=0，则(PC)+rel→PC；否则顺序向下执行
JBC  bit, rel   ; 若(bit)=1，则(PC)+rel→PC，且 0→bit；否则顺序向下执行。
```

任务实施指导

步骤一：工作原理

设计要求模拟汽车在驾驶中的左转弯、右转弯、制动、闭合紧急开关、停靠等操作。在左转弯或右转弯时，通过转弯操作杆使左转弯或右转弯开关合上，从而使左头信号灯、仪表板的左转弯灯、左尾信号灯或右头信号灯、仪表板的右转弯信号灯、右尾信号灯闪烁；闭合紧急开关时以上6个信号灯全部闪烁；汽车制动时，左右两个尾信号灯点亮；若正当转弯时制动，则转弯时原闪烁的信号灯应继续闪烁，同时另一个尾信号灯点亮，以上闪烁的信号灯以1Hz频率慢速闪烁；在汽车停靠开关合上时左头信号灯、右头信号灯、左尾信号灯、右尾信号灯以10Hz频率快速闪烁。任何上述未出现的组合，都将出现故障指示灯闪烁，闪烁频率为10Hz。

由题目分析，得出表3-2。

表3-2　汽车驾驶中与信号量对应关系

	左头	仪左	左尾	右头	仪右	右尾
左转	√(1Hz)	√(1Hz)	√(1Hz)			
右转				√(1Hz)	√(1Hz)	√(1Hz)
紧急	√(1Hz)	√(1Hz)	√(1Hz)	√(1Hz)	√(1Hz)	√(1Hz)
制动			√(亮)			√(亮)
左制动	√(1Hz)	√(1Hz)	√(1Hz)			√(亮)
右制动			√(亮)	√(1Hz)	√(1Hz)	√(1Hz)
停靠	√(10Hz)		√(10Hz)	√(10Hz)		√(10Hz)
其余	√(10Hz)	√(10Hz)	√(10Hz)	√(10Hz)	√(10Hz)	√(10Hz)

确立输入及输出端口，见表3-3和表3-4，系统电路图如图3-3所示。

表3-3　单片机输入口分配

P1口引脚	P1.7	P1.6	P1.5	P1.4	P1.3	P1.2	P1.1	P1.0
控制状态	—	—	—	停靠	制动	紧急	右转	左转

表3-4　单片机输出口分配

P0口引脚	P0.7	P0.6	P0.5	P0.4	P0.3	P0.2	P0.1	P0.0
控制状态	—	—	右尾灯	右仪表	右头灯	左尾灯	左仪表	左头灯

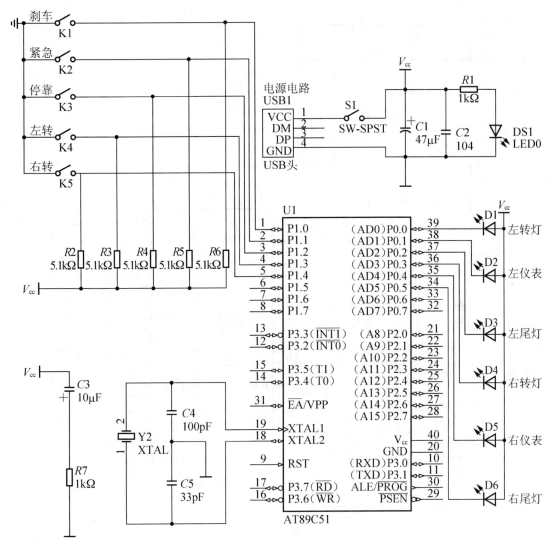

图 3-3　系统电路图

步骤二：绘制仿真电路图

仿真电路图如图 3-4 所示。

根据项目要求，软件的设计要模拟汽车转弯灯。下面程序设计只设计了制动、紧急、停靠、左转、右转功能，左转且制动（左制动）、右转且制动（右制动）功能没有做，请读者自行完成设计。

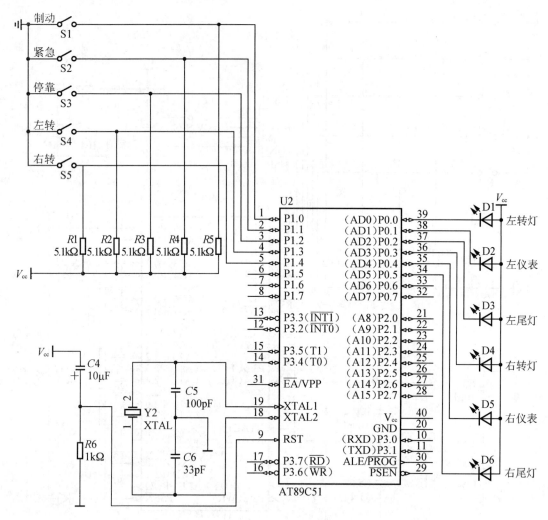

图 3-4　仿真电路图

步骤三：绘制程序流程图

系统流程图如图 3-5 所示。

步骤四：编写程序

```
        ORG   0000H

        AJMP  START1              ;跳转到主程序上
        ORG   0030H
        SAME  EQU  4EH            ;SAME 与 4EH 等值
START1：MOV   P0, #0FFH           ;熄灭所有指示灯
START：MOV    A, P1               ;P1 口状态送累加器 A
        ANL   A, #1FH             ;取得 5 个开关的状态
        CJNE  A, #00H, SHIY       ;有开关按下则跳转到 SHIY
```

```
            AJMP   START1          ；没有开关按下则跳回主程序
SHIY：MOV   SAME, A               ；开关状态送 SAME
      LCALL  DELAY                ；调用延时，去抖动
      MOV   A, P1                 ；开关状态再一次读如累加器
      ANL   A, ♯1FH               ；取得 5 个开关的状态
      CJNE  A, ♯00H, SHIY1        ；有开关按下，则跳到 SHIY1
      AJMP   START1               ；无开关按下则跳回主程序
SHIY1：CJNE  A, SAME, START1      ；两次值相等，确实有开关按下
      CJNE  A, ♯1EH, NEXT1        ；是 S1 开关按下，则跳转到 LEFT，不是 S1 开关按下则跳到
                                  ；NEXT1
       AJMP  LEFT
NEXT1：CJNE  A, ♯1DH, NEXT2       ；是 S2 开关按下，则跳转到 URGET，不是 S2 开关按下则跳
                                  ；到 NEXT2
       AJMP  URGET
NEXT2：CJNE  A, ♯1BH, NEXT3       ；是 S3 开关按下，则跳转到 STOP，不是 S3 开关按下则跳到
                                  ；NEXT3
       AJMP  STOP                 ；跳到停车指示程序上
NEXT3：CJNE  A, ♯17H, NEXT4       ；是 S4 开关按下，则跳转到 LEFT1，不是 S4 开关按下则跳
                                  ；到 NEXT4
       AJMP  LEFT1
NEXT4：CJNE  A, ♯0fH, NEXT5       ；是 S5 开关按下，则跳转到 RIGHT，不是 S5 开关按下则跳
                                  ；到 NEXT5
       AJMP  RIGHT

；其他情况指示灯指示
NEXT5：MOV  A, P1                 ；开关状态送 P1 口
      CJNE  A, ♯0FFH, QITA        ；无开关按下，跳转到 QITA，有开关按下跳转到主程序
                                  ；START 上
       AJMP  START

；制动灯指示
LEFT：MOV  P0, ♯0DBH              ；左尾灯和右尾灯点亮
LCALL  DELAY                      ；调用延时
MOV  P0, ♯0FFH                    ；熄灭所有灯，实现指示灯闪烁
LCALL  DELAY                      ；调用延时
AJMP  START                       ；跳回主程序 START

；紧急事件指示
URGET：MOV  P0, ♯00H              ；点亮所有灯
LCALL  DELAY                      ；调用延时
MOV  P0, ♯0FFH                    ；熄灭所有灯，实现指示灯闪烁
LCALL  DELAY                      ；调用延时
AJMP  START                       ；跳回主程序 START
```

```
    ；停车灯指示
    STOP：MOV  P0，＃0d2H          ；点亮左转灯、右转灯、左尾灯、右尾灯
    LCALL  DELAY                 ；调用延时
    MOV  P0，＃0FFH              ；熄灭所有灯，实现指示灯闪烁
    LCALL  DELAY                 ；调用延时
    AJMP  START                  ；跳回主程序 START
                                 ；其他情况指示灯指示


    ；左转灯指示
    LEFT1：MOV  P0，＃0f8H        ；
    LCALL  DELAY                 ；调用延时
    MOV  P0，＃0FFH              ；熄灭所有灯，实现指示灯闪烁
    LCALL  DELAY                 ；调用延时
    AJMP  START                  ；跳回主程序 START


    ；右转指示灯
    RIGHT：MOV  P0，＃0c7H        ；点亮右转灯、右仪表、右尾灯
    LCALL  DELAY                 ；调用延时
    MOV  P0，＃0FFH              ；熄灭所有灯，实现指示灯闪烁
    LCALL  DELAY                 ；调用延时
    AJMP  START                  ；跳回主程序 START


    ；其他情况指示灯
    QITA：MOV  P0，＃00H          ；点亮所有灯
    LCALL  DELAY                 ；调用延时
    MOV  P0，＃0FFH              ；熄灭所有灯，实现指示灯闪烁
    LCALL  DELAY                 ；调用延时
    AJMP  START                  ；跳回主程序 START


    ；延时程序
    DELAY：MOV  R5，＃20
    D1：MOV  R6，＃20
    D2：MOV  R7，248
        DJNZ  R7，$
        DJNZ  R6，D2
        DJNZ  R5，D1
        RET
        END
```

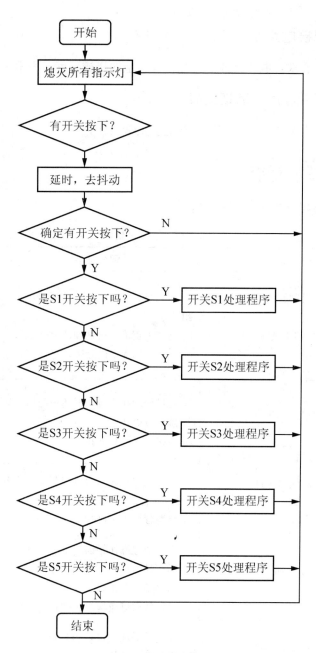

图 3-5　系统流程图

步骤五：Proteus 仿真，调试程序

调试步骤：建源码文件，加载到系统，选择微控制器及汇编器，将源码经汇编器汇编产生的目标代码加载到微控制器中，启动仿真进行源码调试。此时用的汇编语言，直接使用 Proteus 自带的编译器即可。

步骤六：焊接电路

焊接对焊点的要求：电连接性能良好；有一定的机械强度；光滑圆润。

步骤七：下载程序，验证结果

通过搭建的硬件电路，观察实际电路能否正常工作。

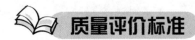 质量评价标准

项目质量考核要求及评分标准见表3-5。

表3-5 质量评价表

考核项目	考核要求	配分	评分标准	扣分	得分	备注
程序设计	1. 能利用控制转移指令等指令设计程序 2. 能完成 PCB 电路图绘制和封装	20	1. 输入/输出地址遗漏或写错，每处扣2分 2. 指令不正确，每处扣2分 3. 不会调用提供的延时，每条扣2分			
系统焊接	1. 会安装元件 2. 按图完整、正确及规范焊接 3. 按照要求编号	30	1. 元件松动扣2分，损坏一处扣4分 2. 虚焊每处扣2分 3. 焊接错误，每处扣1分			
编程操作	1. 会建立程序新文件 2. 正确烧写程序 3. 正确保存文件	20	1. 不能建立程序新文件或建立错误扣4分 2. 烧写程序不正确扣2分			
运行操作	1. 操作运行系统，分析运行结果	20	1. 系统通电操作错误一步扣3分 2. 运行结果描述不对扣2分 3. 仿真结果不正确扣5分 4. 验证转向灯逻辑不正确扣10分			
安全生产	自觉遵守安全文明生产规程	10	1. 每违反一项规定，扣3分 2. 发生安全事故，0分处理 3. 漏接接地线一处扣5分			
时间	2小时		提前正确完成，每5分钟加2分 超过定额时间，每5分钟扣2分			

开始时间：		结束时间：		实际时间：	

AT89C51 时钟电路与时序

1. 振荡器与时钟电路

单片机内各部件之间有条不紊的协调工作，其控制信号是在一种基本节拍的指挥下按一定时间顺序发出的，这些控制信号在时间上的相互关系就是 CPU 时序。而产生这种基本节拍的电路就是振荡器和时钟电路。

AT89C51 单片机内部有一个用于构成振荡器的单级反相放大器，如图 3-6 所示。

引脚 XTAL1 为反相器输入端，XTAL2 为反相器输出端。当在放大器两个引脚上外接一个晶体(或陶瓷振荡器)和电容组成的并联谐振电路作为反馈元件时，便构成一个自激振荡器，如图 3-7 所示。

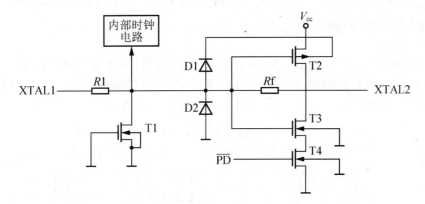

图 3-6 AT89C51 内部振荡器电路图

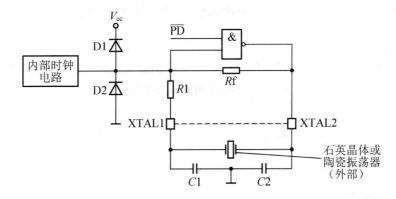

图 3-7 内部振荡器等效电路图

单片机也可采用外部振荡器向内部时钟电路输入一个固定频率的时钟源信号。此时，外部信号接至 XTAL1 端，输入给内部时钟电路，而 XTAL2 端浮空即可，如图 3-8 所示。

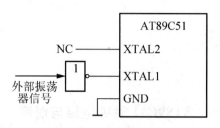

图3-8 外部时钟电路图

2. 单片机时序

1) 振荡周期

振荡周期指由单片机片内或片外振荡器所产生的,为单片机提供时钟源信号的周期(其值为$1/f_{osc}$)。

2) 时钟周期

时钟周期又称状态周期(S),由内部时钟电路产生,是振荡周期的二倍。每个时钟周期分为P1和P2两个节拍,前半周期P1节拍信号有效,后半周期P2节拍信号有效,每个节拍完成不同的逻辑操作。

3) 机器周期

一个机器周期由6个状态周期(12个振荡周期)组成,6个状态周期用S1~S6表示,每一状态周期的两个节拍用P1、P2表示,则一个机器周期的12个节拍就可用S1P1、S1P2、S2P1、S2P2、…、S6P1、S6P2来表示,如图3-9所示。

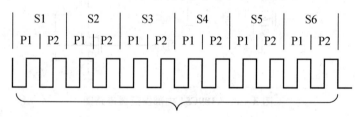

图3-9 一个机器周期的12个节拍(振荡周期)

3. 指令周期

执行一条指令所占用的全部时间。一个指令周期通常由1~4个机器周期组成。若外接晶振频率为$f_{osc}=12MHz$,则4个基本周期的具体数值如下。

(1) 振荡周期$=1/12\mu s$。

(2) 时钟周期$=1/6\mu s$。

(3) 机器周期$=1\mu s$。

(4) 指令周期$=1\sim4\mu s$。

知识进阶二

汇编语言程序设计

1. 汇编语言程序的基本结构

单片机程序设计和其他程序设计一样,程序结构一般也采用3种基本结构,即顺序结构、分支结构和循环结构，再加上子程序，共有 4 种基本结构。本节将结合具体的例子，对这几种结构的程序设计方法进行介绍。

1）顺序程序设计

特点：顺序结构程序是最简单、最基本的程序。程序按编写的顺序依次往下执行每一条指令，直到最后一条。它能够解决某些实际问题，或成为复杂程序的子程序。

【例 3 - 7】 若 a、b、c 这 3 个数分别存放在存储器 40H、41H、42H 3 个单元中，试编写计算 $Y=a+b-c$ 的程序。

解： 根据题意要求，可先做 $a+b$ 的运算，然后再做 $a+b-c$ 的运算，计算结果送入存储器 Y 的单元中，由算法分析先画出程序执行的流程图，如图 3 - 10 所示。

编写 $Y=a+b-c$ 的源程序如下：

```
ORG  1000H
START: MOV  A, 40H      ; 把加数 a 送 A 中
ADD  A, 41H             ; 实现 a+b
CLR  c                  ; 清除标志位 c
SUBB  A, 42H            ; 实现 a+b-c
MOV  43H, A             ; 结果保存于 43H 单元中
END
```

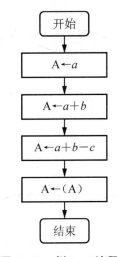

图 3 - 10　例 3 - 7 流程图

2）分支程序设计

特点：根据不同的条件，确定程序的走向。它主要靠条件转移指令、比较转移指令和位转移指令来实现。分支程序的结构如图 3 - 11 所示。

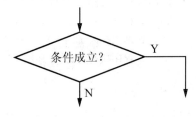

图 3 - 11　分支结构示意图

分支程序的设计要点如下。

(1) 先建立可供条件转移指令测试的条件。

(2) 选用合适的条件转移指令。

(3) 在转移的目的地址处设定标号。

【例3-8】 求符号函数的值。已知片内 RAM 的 40H 单元内有一自变量 X,编制程序按如下条件求函数 Y 的值,并将其存入片内 RAM 的 41H 单元中。

$$Y=\begin{cases} 1 & X>0 \\ 0 & X=0 \\ -1 & X<0 \end{cases}$$

解:此题有 3 个条件,所以有 3 个分支程序。这是一个三分支归一的条件转移问题。

X 是有符号数,判断符号位是 0 还是 1 可利用 JB 或 JNB 指令。判断 X 是否等于 0 则直接可以使用累加器 A 的判 0 指令。

程序流程图如图 3-12 所示。

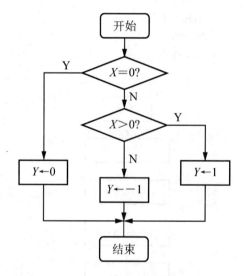

图 3-12 例 3-8 流程图

```
        ORG   1000H
START: MOV  A, 40H           ;将 X 送入 A 中
       JZ   COMP             ;若 A 为 0,转至 COMP 处
       JNB ACC.7, POST       ;若 A 第 7 位不为 1(X 为正数),则程序转到 POST 处,
                             ;否则(X 为负数)程序往下执行
       MOV  A, #0FFH         ;将-1(补码)送入 A 中
       SJMP  COMP            ;程序转到 COMP 处
POST:  MOV  A, #01H          ;将+1 送入 A 中
COMP:  MOV  41H, A           ;结果存入 Y
       SJMP  $               ;程序执行完,"原地踏步"
       END
```

3) 循环程序设计

特点：程序中含有可以重复执行的程序段(循环体)，采用循环程序可以有效地缩短程序，减少程序占用的内存空间，使程序的结构紧凑、可读性好。

组成：循环程序一般由下面 4 部分组成。

(1) 循环初始化。位于循环程序开头，用于完成循环前的准备工作，如设置各工作单元的初始值及循环次数。

(2) 循环体。循环程序的主体，位于循环体内，是循环程序的工作程序，在执行中会被多次重复使用。要求编写得尽可能简练，以提高程序的执行速度。

(3) 循环控制。位于循环体内，一般由循环次数修改、循环修改和条件语句等组成，用于控制循环次数和修改每次循环时的参数。

(4) 循环结束。用于存放执行循环程序所得的结果，以及恢复各工作单元的初值。

循环程序的结构：

(1) 先循环处理，后循环控制(即先处理后控制)，如图 3-13(a)所示。

(2) 先循环控制，后循环处理(即先控制后处理)，如图 3-13(b)所示。

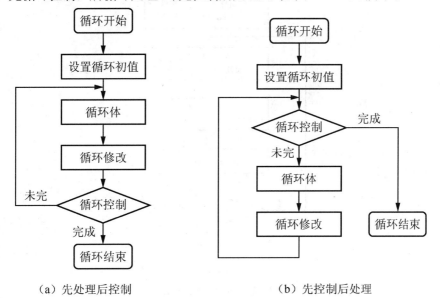

（a）先处理后控制　　　　　　　（b）先控制后处理

图 3-13　循环结构示意图

循环程序按结构形式，有单重循环与多重循环。

【例 3-9】　编制程序将片内 RAM 的 30H～4FH 单元中的内容传送至片外 RAM 的 2000H 开始的单元中。

解：每次传送数据的过程相同，可以用循环程序实现。30H～4FH 共 32 个单元，循环次数应为 16 次(保存在 R2 中)，为了方便每次传送数据时地址的修改，片内 RAM 数据区首地址传送到 R0，片外 RAM 数据区首地址传送到 DPTR。程序流程图如图 3-14 所示。

程序如下：片内外 20H 字节数据传送

```
        ORG  1000H
START: MOV  R0, #30H
       MOV  DPTR, #2000H
       MOV  R2, #20H        ; 设置循环次数
LOOP:  MOV  A, @R0          ; 将片内 RAM 数据区内容传送到 A
       MOVX @DPTR, A        ; 将 A 的内容传送到片外 RAM 数据区
       INC  R0              ; 源地址递增
       INC  DPTR            ; 目的地址递增
       DJNZ R2, LOOP        ; 若 R2 不为 0, 则转到 LOOP 处继续循环; 否则循环结束
       SJMP $               ; 原地踏步
       END
```

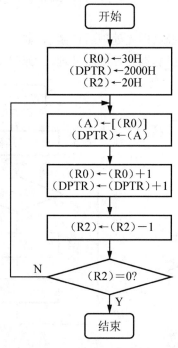

图 3-14　例 3-9 流程图

4) 子程序设计

子程序: 能够完成确定任务, 并能被其他程序反复调用的程序段称为子程序。

特点: 子程序可以多次重复使用, 避免重复性工作, 缩短整个程序, 节省程序存储空间, 有效地简化程序的逻辑结构, 便于程序调试。

主程序: 调用子程序的程序称为主程序或调用程序。

2. 子程序的调用与返回

主程序调用子程序的过程: 在主程序中需要执行这种操作的地方执行一条调用指令 (LCALL 或 ACALL), 转到子程序, 完成规定的操作后, 再在子程序最后应用 RET 返回指令返回到主程序断点处, 继续执行下去。

1）子程序的调用

子程序的入口地址：子程序的第一条指令地址称为子程序的入口地址，常用标号表示。

程序的调用过程：单片机收到 ACALL 或 LCALL 指令后，首先将当前的 PC 值（调用指令的下一条指令的首地址）压入堆栈保存（低 8 位先进栈，高 8 位后进栈），然后将子程序的入口地址送入 PC，转去执行子程序。

2）子程序的返回

主程序的断点地址：子程序执行完毕后，返回主程序的地址称为主程序的断点地址，它在堆栈中保存。

子程序的返回过程：子程序执行到 RET 指令后，将压入堆栈的断点地址弹回给 PC（先弹回 PC 的高 8 位，后弹回 PC 的低 8 位），使程序回到原先被中断的主程序地址（断点地址）去继续执行。

注意：中断服务程序是一种特殊的子程序，它是在计算机响应中断时，由硬件完成调用而进入相应的中断服务程序的。RETI 指令与 RET 指令相似，区别在于 RET 是从子程序返回的，RETI 是从中断服务程序返回的。

3）保存与恢复寄存器内容

（1）保护现场。主程序转入子程序后，保护主程序的信息不会在运行子程序时丢失的过程称为保护现场。保护现场通常在进入子程序的开始时，由堆栈完成。例如：

```
PUSH  PSW
PUSH  ACC
      …
```

（2）恢复现场。从子程序返回时，将保存在堆栈中的主程序的信息还原的过程称为恢复现场。恢复现场通常在从子程序返回之前将堆栈中保存的内容弹回各自的寄存器。例如：

```
      …
POP  ACC
POP  PSW
```

4）子程序的参数传递

主程序在调用子程序时传送给子程序的参数和子程序结束后送回主程序的参数统称为参数传递。

入口参数：子程序需要的原始参数。主程序在调用子程序前将入口参数传送到约定的存储器单元（或寄存器）中，然后子程序从约定的存储器单元（或寄存器）中获得这些入口参数。

出口参数：子程序根据入口参数执行程序后获得的结果参数。子程序在结束前将出口参数传送到约定的存储器单元（或寄存器）中，然后主程序从约定的存储器单元（或寄存器）中获得这些出口参数。

传送子程序参数的方法如下。

（1）应用工作寄存器或累加器传递参数。优点是程序简单、运算速度较快，缺点是工作寄存器有限。

（2）应用指针寄存器传递参数。优点是能有效节省传递数据的工作量，并可实现可变长度运算。

（3）应用堆栈传递参数。优点是简单，能传递的数据量较大，不必为特定的参数分配存储单元。

（4）利用位地址传送子程序参数。

5）子程序的嵌套

在子程序中若再调用子程序，则称为子程序的嵌套。AT89C51 单片机允许多重嵌套，如图 3-15 所示。

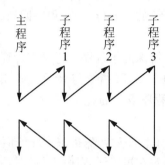

图 3-15　子程序嵌套调用示意图

6）编写子程序时应注意的问题

（1）子程序的入口地址一般用标号表示，标号习惯上以子程序的任务命名。例如，延时子程序常以 DELAY 作为标号。

（2）主程序通过调用指令调用子程序，子程序返回主程序之前，必须执行子程序末尾的一条返回指令 RET。

（3）单片机能自动保护和恢复主程序的断点地址。但对于各工作寄存器、特殊功能寄存器和内存单元的内容，则必须通过保护现场和恢复现场实现保护。

（4）子程序内部必须使用相对转移指令，以便子程序可以放在程序存储器 64KB 存储空间的任何子域并能为主程序调用，汇编时生成浮动代码。

子程序的参数传递方法同样适用于中断服务程序。

【例 3-10】　编制程序实现 $c=a^2+b^2$，（a、b 均为 1 位十进制数）。

解：计算某数的平方可采用查表的方法实现，并编写成子程序。只要两次调用子程序，并求和就可得运算结果。设 a、b 分别存放于片内 RAM 的 30H、31H 两个单元中，结果 c 存放于片内 RAM 的 40H 单元。程序流程图如图 3-16 所示。

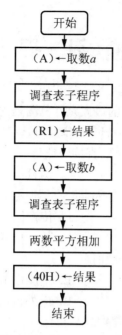

图 3‑16　例 3‑10 流程图

主程序如下：

```
        ORG  1000H
SR: MOV  A, 30H              ；将 30H 中的内容 a 送入 A
    CALL  SQR               ；转求平方子程序 SQR 处执行
    MOV  R1, A              ；将 a² 结果送 R1
    MOV  A, 31H             ；将 31H 中的内容 b 送入 A
    ACALL  SQR              ；转求平方子程序 SQR 处执行
    ADD  A, R1             ；a² + b² 结果送 A
    MOV  40H, A            ；结果送 40H 单元中
    SJMP  $               ；程序执行完，"原地踏步"
；求平方子程序如下（采用查平方表的方法）
SQR: INC  A               ；A 内容加 1
    MOVC  A, @A + PC       ；查表求平方值
    RET                  ；子程序返回
TABLE: DB  0, 1, 4, 9, 16
    DB  25, 36, 49, 64, 81

    END
```

习 题

一、选择题

1. 单片机上电复位后，堆栈区的最大允许范围是内部 RAM 的（　　　）。

A. 00H～FFH　　　B. 00H～07H　　　C. 07H～7FH　　　D. 08H～7FH

2. 堆栈指针 SP 在内部 RAM 中的直接地址是（　　　）。

A. 00H　　　　　B. 07H　　　　　C. 81H　　　　　D. FFH

3. AT89C51 的 P0 口，当使用外部存贮存器时它是一个（　　　）。

A. 传输高 8 位地址口　　　　　B. 传输低 8 位地址口

C. 传输高 8 位数据口　　　　　D. 传输低 8 位地址/数据口

4. P0 口作数据线和低 8 位地址线时（　　　）。

A. 应外接上拉电阻　　　　　　B. 不能作 I/O 口

C. 能作 I/O 口　　　　　　　　D. 应外接高电平

5. 对于 8031 单片机，其内部 RAM（　　　）。

A. 只能位寻址　　　　　　　　B. 只能字节寻址

C. 既可位寻址又可字节寻址　　D. 少部分只能位寻址

二、填空题

1. AT89C51 对片内 RAM，片外 RAM 和片内、外 ROM 访问时分别用指令_____、_____、_____来区分。

2. AT89C51 四组工作寄存器区的地址范围分别是_____、_____、_____和_____。如果当前要使用 1 区的话，那么 PSW 中的 RS1 和 RS0 应分别设置为_____和_____。

3. AT89C51 四个控制信号脚 RST、ALE、PSEN、EA 的功能分别是_____、_____、_____和_____。

4. AT89C51 访问片外存储器时，利用_____信号锁存来自_____。

5. 若 A 中的内容为 54H，那么 P 标志位为_____。

三、简答题

1. 简述 AT89C51 汇编指令格式。

2. 访问片内 RAM 低 128 字节使用哪些寻址方式？访问片内 RAM 高 128 字节使用什么寻址方式？访问 SFR 使用什么寻址方式？

3. 访问片外 RAM 使用什么寻址方式？

4. 访问程序存储器使用什么寻址方式？指令跳转使用什么寻址方式？

5. 汇编语言程序设计分哪几个步骤？

6. 试说明汇编语言编程的特点。

7. 什么叫"伪指令"？伪指令与指令有什么区别？常见的伪指令有哪些？

8. 基本程序结构有哪几种？各有什么特点？

9. 什么是"子程序"？子程序设计时的注意事项是什么？

10. 试对下列程序进行手工汇编，并说明此程序功能。

```
ORG  4000H
ACADD1：MOV  R0，#25H
MOV  R1，#2BH
MOV  R2，#06H
CLR  C
CLR  A
LOOP：MOV  A，@R0
ADDC  A，@R1
MOV  @R0，A
DEC  R0
DEC  R1
DJNZ  R2，LOOP
LOOP1：SJMP  LOOP1
END
```

11. 从内部存储器 20H 单元开始，有 30 个数据。试编一个程序，把其中的正数、负数分别送 51H 和 71H 开始的存储单元，并分别将正数、负数的个数送 50H 和 70H 单元。

项目4

单片机热释电声光报警系统设计

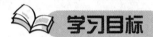 **学习目标**

1. 掌握单片机中断的概念。
2. 掌握单片机中断的结构。
3. 掌握中断系统的工作过程。
4. 掌握中断系统的应用。

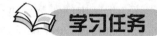 **学习任务**

4.1 项目任务

本系统的任务是设计简易报警系统。当有人进入时，热释电传感器检测到信号，触发报警。同时也可以实施手动报警，报警电路示意图如图4-1所示。

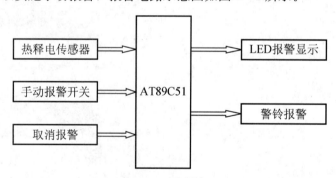

图4-1 报警电路示意图

设计一个报警系统，当无人值守时候，有人进入，触发报警；当有人值守的时候，遇到紧急情况，可以按下报警开关，实施报警。用单片机实现自动报警的控制，具体控制要求如下。

当无人值守时，启动热释电红外报警电路工作。热释电红外报警模块的基本原理是当有人在热释电红外传感器感应范围活动时，热释电红外组件通过输出引脚2输出3V高电平；当无人在热释电红外传感器感应范围活动时，热释电红外组件通过输出引脚2输出0V低电平。此时单片机可以工作于外部中断0，无人在感应区时，热释电红外组件通过输出引脚 2 输出 0V 低电平，通过非门加到单片机外部中断 0 引脚，单片机外部中断 0 引脚(P3.2)，此时得到的是一个高电平；当有人在感应区时，热释电红外组件通过输出引脚 2 输出 3V 高电平，通过非门变成了低电平，即 P3.2 引脚此时得到了一个低电平。如果单片机外部中断 0 设置为边沿触发时，最终，出现在 P3.2 引脚上下降沿，触发单片机的外部中断 0。当 CPU 接收到外部中断 0 请求时，转而去执行外部中断 0 所对应的中断服务程序。

当有人值守时，停止热释电红外报警电路工作。如果遇到紧急情况，可以使用隐蔽的手动开关报警。

■ 4.2　任务流程图

本项目的具体学习过程如图 4-2 所示。

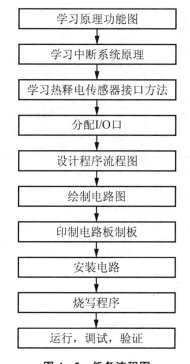

图 4-2　任务流程图

 环境设备

学习所需工具、设备见表 4-1。

表 4-1　工具、设备清单

序号	分类	名称	型号规格	数量	单位	备注
1	工具	万用表		1	块	
2		电烙铁		1	只	
3		焊锡丝		若干	米	
4		直流稳压电源		1	台	
5		编程烧写器		1	台	
6		导线		若干	条	
7		万用板		1	块	
1	电子元器件	IC 芯片	AT89C51	1	片	
2		瓷片电容	33pF	1	只	
3		瓷片电容	100pF	1	只	
4		瓷片电容	104pF	1	只	
5		晶振	12MHz	1	只	
6		电解电容	$10\mu F/25V$	1	只	
7		电解电容	$47\mu f/25V$	1	只	
8		电阻	$1k\Omega$	2	只	
9		发光二极管		3	只	
10		USB 公对公头连接线		1	条	
11		USB 母座	4 脚	1	只	
12		40 脚普通 IC 插座		1	只	
13		单刀开关		4	只	
14		轻触微动开关		1	只	
15		蜂鸣器		1	只	

 背景知识

4.3　中断系统

4.3.1　中断概述

1. 中断的基本概念

CPU 暂时中止其正在执行的程序，转去执行请求中断的外设或事件的服务程序，等处理完毕后再返回执行原来中止的程序，这一过程称为中断。

中断概念示意图如图 4-3 所示，中断过程示意图如图 4-4 所示。

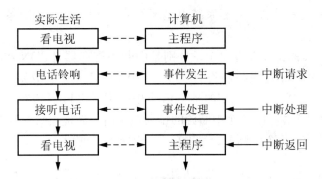

图 4-3 中断概念示意图

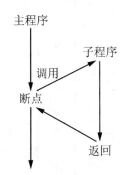

图 4-4 中断过程示意图

2. 设置中断的必要性

中断解决了快速主机与慢速 I/O 设备的数据传送，还具有如下优点。

(1) 分时操作。CPU 可以分时为多个 I/O 设备服务，提高了计算机的利用率。

(2) 实时响应。CPU 能够及时处理应用系统的随机事件，使系统的实时性大大增强。

(3) 可靠性高。CPU 具有处理设备故障及断电等突发性事件的能力，从而使系统可靠性提高。

3. 中断源及其优先级

中断源是指能发出中断请求，引起中断的装置或事件。一个单片机系统通常有多个中断源，而单片机 CPU 在某一时刻只能响应一个中断源的中断请求。当多个中断源同时向 CPU 发出中断请求时，则必须按照"优先级别"进行排队。CPU 首先选定其中中断级别最高的中断源为其服务，然后按由高到低的顺序逐一服务，完毕后返回断点地址，继续执行主程序。这就是中断优先级的概念。

4. 中断源的管理

单片机系统中有一个专门用来管理中断源的机构，它就是中断控制寄存器，可以通过对其编程来设置中断源的优先级别，以及是否允许某个中断源的中断请求等。

4.3.2 AT89C51 中断系统的结构

1. 中断源及中断系统构成

中断过程是在硬件的基础上再配以相应的软件而实现的，不同的计算机，其硬件结构和软件指令是不完全相同的，中断系统也是不同的。AT89C51 中断系统的结构示意图如图 4-5 所示。

　　与中断系统有关的寄存器有 4 个，分别是中断源寄存器 TCON 和 SCON、中断允许控制寄存器 IE 和中断优先级控制寄存器 IP。中断源有 5 个，分别为外部中断 0 请求/INT0、外部中断 1 请求/INT1、定时器 0 溢出中断请求 TF0、定时器 1 溢出中断请求 1 和串行口中断请求 RI 和 TI。5 个中断源的排列顺序由中断优先级控制寄存器 IP 和顺序查询逻辑电路共同决定，5 个中断源分别对应 5 个固定的中断入口地址。

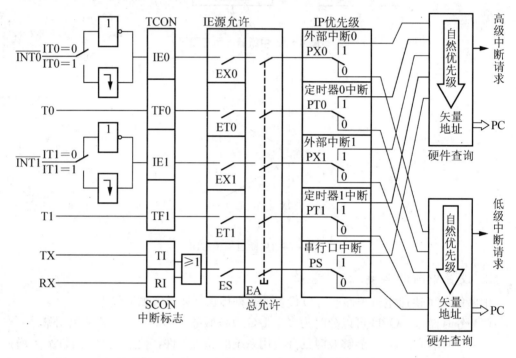

图 4-5　AT89C51 中断系统结构示意图

2．中断标志与中断控制

1）中断标志相关寄存器

（1）定时器控制寄存器 TCON。TCON 为 8 位特殊功能寄存器，其位编码、位名称、位地址及其功能见表 4-2。

表 4-2　TCON 的位编码、位名称、位地址

位编码	TCON.7	TCON.6	TCON.5	TCON.4	TCON.3	TCON.2	TCON.1	TCON.0
位名称	TF1	TR1	TF0	TR0	IE1	IT1	IE0	IT0
位地址	8FH	8EH	8DH	8CH	8BH	8AH	89H	88H

　　定时中断、外中断请求控制寄存器 TCON 字节地址为 88H，位地址为 8FH～88H，与中断请求有关的各位含义如下。

　　IT0：INT0 的触发方式控制位。若 IT＝0，则为电平触发；若 IT＝1，则为下降沿触发。

IE0：外部中断 0 的中断请求标志。若 IE＝0，则无中断请求；若 IE＝1，则有中断请求。

IT1：INT1 的触发方式控制位。

IE1：外部中断 1 的中断请求标志。

TF0：定时/计数器(T0)溢出中断请求标志。计数器计满产生溢出，由硬件置位，若 TF0＝1，则有中断请求，否则 TF0＝0(硬件会自动清零，也可由软件清零)。

TF1：定时/计数器(T1)溢出中断请求标志。若 TF1＝0，则无中断请求；若 TF1＝1，则有中断请求。

(2) 串行口控制寄存器 SCON。SCON 为 8 位特殊功能寄存器，其位编码、位名称、位地址及其功能见表 4－3 所示。

表 4－3　SCON 的位编码、位名称、位地址

位编码						SCON. 1	SCON. 0
位名称						TI	TI
位地址						99H	98H

串行口控制寄存器 SCON 字节地址为 98H，位地址为 9FH～98H，与中断请求有关的各位含义如下。

TI：串行口发送中断标志位，位地址为 99H。在串行口发送完一组数据时，TI 由硬件自动置位(TI＝1)，请求中断，当 CPU 响应中断进入中断服务程序后，TI 状态不能被硬件自动清除，而必须在中断程序中由软件来清除。

RI：串行口接收中断标志位，位地址为 98H。在串行口接收完一组串行数据时，RI 由硬件自动置位(RI＝1)，请求中断，当 CPU 响应中断进入中断服务程序后，也必须由软件来清除 RI 标志。

2) 中断控制相关寄存器

(1) 中断允许控制寄存器 IE。AT89C51 设有专门的开中断和关中断指令，中断的开放和关闭是通过中断允许寄存器 IE 各位的状态进行两级控制的。两级控制是指所有中断允许的总控制位和各中断源允许的单独控制位，每位状态靠软件来设定。中断允许控制寄存器 IE 的位编码、位名称、位地址及其功能等见表 4－4。

表 4－4　IE 的位编码、位名称、位地址

位编码	IE. 8	IE. 7	IE. 5	IE. 4	IE. 3	IE. 2	IE. 1	IE. 0
位名称	EA	—	—	ES	ET1	EX1	ET0	EX0
位地址	AFH	AEH	ADH	ACH	ABH	AAH	A9H	A8H

中断允许控制寄存器 IE 字节地址为 A8H，位地址为 AFH～A8H，与中断请求有关的各位含义如下。

EX0：INT0 中断允许位。若 EX0＝1，则允许 INT0 中断；若 EX0＝0，则禁止 INT0 中断。

ET0：T0 的溢出中断允许位。若 ET0＝1，则允许 T0 中断；若 ET0＝0，则禁止 T0

中断。

EX1：INT1 中断允许位。若 EX1＝1，则允许 INT1 中断；若 EX1＝0，则禁止 INT1中断。

ET1：T1 的溢出中断允许位。若 ET1＝1，则允许 T1 中断；若 ET1＝0，则禁止 T1中断。

ES：串行中断允许位。若 ES＝1，则允许串行中断；若 ES＝0，则禁止串行中断。

EA：中断开放标志位。若 EA＝1，则 CPU 开放中断；若 EA＝0，则 CPU 屏蔽所有的中断。

（2）中断优先级寄存器 IP。IP 为 8 位特殊功能寄存器，其位编码、位名称、位地址及其功能见表 4-5。

表 4-5　IP 的位编码、位名称、位地址

位编码	IP.8	IP.7	IP.5	IP.4	IP.3	IP.2	IP.1	IP.0
位名称	—	—	—	PS	PT1	PX1	PT0	PX0
位地址	—	—	—	BCH	BBH	BAH	B9H	B8H

IP 字节地址为 B8H，位地址为 BFH～BCH，与中断请求有关的各位含义如下。

PX0：外部中断 0 中断优先级控制位。若 PX0＝1，则外部中断 0 定义为高优先级中断；若 PX0＝0，则外部中断 0 定义为低优先级中断。

PT0：定时器 T0 中断优先级控制位。若 PT0＝1，则定时器 T0 定义为高优先级中断；若 PT0＝0，则定时器 T0 定义为低优先级中断。

PX1：外部中断 1 中断优先级控制位。若 PX1＝1，则外部中断 1 定义为高优先级中断；若 PX1＝0，则外部中断 1 定义为低优先级中断。

PT1：定时器 T1 中断优先级控制位。若 PT1＝1，则定时器 T1 定义为高优先级中断；若 PT1＝0，则定时器 T1 定义为低优先级中断。

PS：串行口中断优先级控制位。若 PS＝1，则串行口中断定义为高优先级中断；若 PS＝0，则串行口中断定义为低优先级中断。

如果同样优先级的请求同时接收到，则内部对中断源的查询次序决定先接受哪一个请求，表 4-6 列出了同（一优先）级中断源的内部查询顺序。

表 4-6　中断源的内部查询顺序

中断源	入口地址	
外部中断 0	0003H	最高
T0 溢出中断	000BH	
外部中断 1	0013H	↓
T1 溢出中断	001BH	
串行口中断	0023H	最低

中断优先级具有以下 3 条原则。

在同时收到几个中断时，响应优先级别最高的；中断过程不能被同级、低优先级所中

断；低优先级中断服务，能被高优先级中断。

3. 中断处理过程

中断处理过程大致可分为 4 步：中断请求、中断响应、中断处理、中断返回。

1）中断请求

当中断源要求 CPU 为它服务时，必须发出一个中断请求信号。CPU 将相应的中断请求标志位置"1"。为确保该中断得以实现，中断请求信号应保持到 CPU 响应该中断后才能取消。CPU 会不断及时地查询这些中断请求标志位，一旦查询到某个中断请求标志置位，CPU 就响应这个中断源的中断请求。

2）中断响应

中断响应过程包括保护断点和将程序转向中断服务程序的入口地址。首先，中断系统通过硬件自动生成长调用指令(LCALL)，该指令将自动把断点地址压入堆栈保护(不保护累加器 A、程序状态寄存器 PSW 和其他寄存器的内容)，然后，将对应的中断入口地址装入程序计数器 PC(由硬件自动执行)，使程序转向该中断入口地址，执行中断服务程序。中断响应(从标志置 1 到进入相应的中断服务)至少要 3 个完整的机器周期。

在同时满足以下 4 个条件时，才可能响应中断。

(1) 有中断请求。

(2) 对应中断允许位为 1。

(3) 开中断(即 EA＝1)。

(4) 正在执行的指令不是 RETI 或者是访问 IE、IP 的指令，否则必须再执行另外一条指令后才能响应。

单片机各中断源的入口地址由硬件事先设定，见表 4-6。使用时，通常在这些中断入口地址处存放一条无条件转移指令，使程序跳转到用户安排的中断服务程序的起始地址。例如，要采用定时器 T1 中断，其中断入口地址为 001BH，中断服务程序名为CONT，因此指令形式如下。

```
ORG   001BH    ；T1 中断入口
AJMP CONT      ；转向中断服务程序
```

3）中断处理

中断处理就是执行中断服务程序。中断服务程序从中断入口地址开始执行，到返回指令 RETI 为止。一般包括两部分内容：一是保护现场；二是完成中断源请求的服务。

通常，主程序和中断服务程序都会用到累加器 A、程序状态寄存器 PSW 及其他一些寄存器，当 CPU 进入中断服务程序用到上述寄存器时，会破坏原来存储在寄存器中的内容，一旦中断返回，将会导致主程序混乱，因此在进入中断服务程序后，一般要先保护现场，然后执行中断处理程序，在中断返回之前再恢复现场。

在编写中断服务程序时还需注意以下几点。

(1) 各中断源的中断入口地址之间只相隔 8B，容纳不下普通的中断服务程序，因此在中断入口地址单元通常存放一条无条件转移指令，可将中断服务程序转至存储器的其他任何空间。

(2) 若要在执行当前中断程序时禁止其他更高优先级中断，需先用软件关闭 CPU 中断，或用软件禁止相应高优先级的中断，在中断返回前再开放中断。

（3）在保护和恢复现场时，为了不使现场数据遭到破坏或造成混乱，一般规定此时CPU不再响应新的中断请求。因此，在编写中断服务程序时，要注意在保护现场前关中断，在保护现场后若允许高优先级中断，则应开中断。同样，在恢复现场前也应先关中断，恢复之后再开中断。

4）中断返回

在 AT89C51 响应中断后，自动执行中断服务程序。在中断服务程序中，只要遇到RETI 指令(不论在什么位置)，单片机就结束本次中断服务，返回原程序。因此，在中断服务程序的最后必须有一条 RETI 指令，用于中断返回。

注意：

（1）不能用 RET 指令代替 RETI 指令。

（2）中断服务程序中 PUSH 与 POP 须成对使用。

4.3.3 AT89C51 中断系统编程

1. 中断初始化设置

（1）设置堆栈指针 SP。

（2）定义中断优先级。

根据中断源的轻重缓急，划分高优先级和低优先级。

2. 定义外部中断触发方式

一般情况下，应定义边沿触发方式为宜。若外部中断必须采用电平触发方式，则应在硬件电路上和中断服务程序中采取撤除中断请求信号的措施。

3. 开放中断

由于 AT89C51 采用了二级中断控制方式，因此在开放中断时必须同时开放二级中断控制，即同时置位 EA 和需要开放中断的中断允许控制位。

4. 中断服务主程序

（1）在中断服务入口地址设置一条跳转指令，以便转移到中断服务程序的实际入口处。

（2）数据需要保护现场。通常是保护 ACC、PSW 和 DPTR 等特殊功能寄存器中的内容。

（3）中断源请求中断服务要求的操作，这是中断服务程序的主体。

（4）若是外部中断电平触发方式，应有中断标志撤除操作。若是串行收发中断，应有对 RI、TI 清零指令。

（5）恢复现场。与保护现场相对应，注意按"先进后出、后进先出"的原则操作。

（6）中断返回，最后一条指令必须是 RETI。

5. 单外部中断源应用示例

1）中断程序设计的一般结构

（1）采用中断时的主程序结构。

```
ORG   0000H
LJM   PMAIN
ORG   中断入口地址
LJMP  INT
```

MAIN：主程序

INT：中断服务程序

（2）中断服务程序流程如图4-6所示。

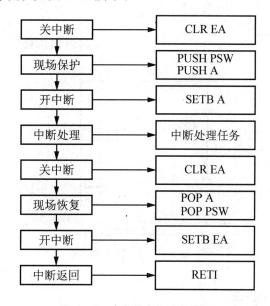

图4-6　中断服务程序流程图

2）应用举例

【例4-1】 要求每次按动按键，使外接发光二极管改变一次亮灭状态。

解：INT0输入按键信号，P1.0输出改变LED状态，如图4-7所示。

编写程序如下。

```
        ORG   0000H
        AJMP  MAIN
        ORG   0003H      ;中断入口
        AJMP  PINT0
        ORG   0100H      ;主程序
MAIN：SETBEA           ;开总允许开关
 SETB  EX0              ;开INT0中断
 SETB  IT0              ;负跳变触发中断
HERE：SJMP  HERE        ;原地踏步
        ORG   0200H      ;中断服务程序
PINT0：CPL   P1.0       ;改变LED
        RETI            ;返回主程序
```

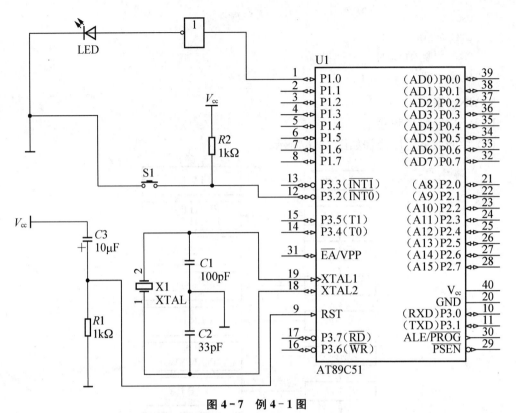

图 4-7　例 4-1 图

任务实施指导

步骤一：工作原理

1. 热释电红外报警模块实现

热释电红外报警模块如图 4-8 所示。

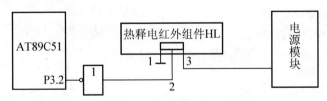

图 4-8　热释电红外报警模块

热释电红外组件模块有 3 个输出脚，其中 1 脚为电源负极；2 脚即"OUT"引脚，信号输出引脚，高电平有效，3 脚为电源正极。图中右下角有一个检测方式切换短路线（现在已经改成短路线），中间和 H 连接为重复模式，只要检测区域有人，模块就一直有输出，这种模式一般称为电平输出。中间和 L 连接为不重复模式，在这种模式下即使检测区域有人活动，模块也会自动停止输出一段时间（封锁延时）然后再检测，这种模式一般习惯称为脉冲输出。模块上的 105 黄色电位器是动作输出延时调整，即检查到人体后输出延时若干秒高电平信号的时间，调节范围 0.3s～18s，顺时针延时变长，默认 9s。

热释电红外报警模块的基本原理是，当有人在热释电红外传感器感应范围内活动时，热释电红外组件通过输出引脚 2 输出 3V 高电平；当无人在热释电红外传感器感应范围内活动时，热释电红外组件通过输出引脚 2 输出 0V 低电平，此时单片机可以工作于外部中断 0。当无人在感应区时，热释电红外组件通过输出引脚 2 输出 0V 低电平，通过非门加到单片机外部中断 0 引脚，单片机外部中断引脚 0(P3.2)此时得到的是一个高电平；当有人在感应区时，热释电红外组件通过输出引脚 2 输出 3V 高电平，通过非门变成了低电平，即 P3.2 此时得到了一个低电平。如果单片机外部中断 0 设置为边沿触发，最终，出现在 P3.2 引脚上下降沿，触发单片机的外部中断 0。当 CPU 接收到外部中断 0 请求时，转而去执行外部中断 0 所对应的中断服务程序。

2. 手动报警信号

此电路是通过一个手动开关控制信号的输入，一旦发现盗窃人员时，只要触动手动开关，系统就会自动报警，如图 4-9 所示。

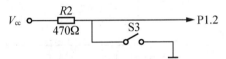

图 4-9　手动报警电路

3. 声光报警电路

此电路通过单片机的输出信号控制报警电路，其中 P0.0 口只控制灯光信号；P0.1 口既可控制声音信号，又可控制灯光信号以达到声光同时报警；P0.2 口只控制声音信号。其实现方式都是通过晶体管来控制，如图 4-10 所示。

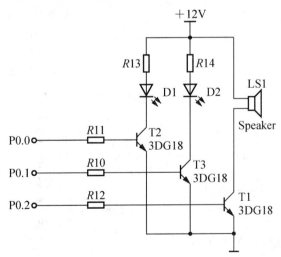

图 4-10　声光报警电路

其中，初始化是将定时器 0 赋值并打开定时器，发光二极管由 P0.0、P0.1 控制，P0.2 控制一个扬声器，1S 信号由定时器 0 产生，1.5KHz 和 1.8KHz 脉冲由两个不同的延时程序产生。一旦进入报警程序，则不停产生报警信号，直到复位信号到来或电源断开，这样设计的目的是使程序简单实用。

当系统启动运行，且有人值守时，按下 P1.1 停止热释电红外报警电路工作。如果遇到紧急情况，按下 P1.2 所对应的开关，触发手动报警开关。

当无人值守时，启动热释电红外报警电路工作。

步骤二：绘制仿真电路图

仿真电路图如图 4-11 所示。

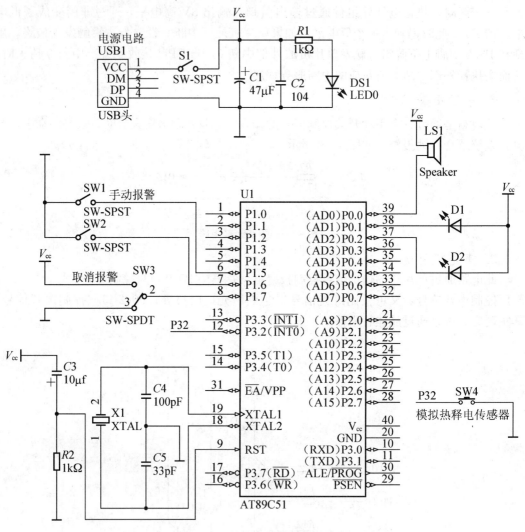

图 4-11　热释电报警系统电路图

步骤三：绘制程序流程图

系统程序流程图如图 4-12 所示。

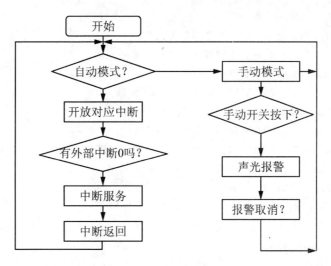

图 4 - 12　系统流程图

步骤四：编写程序

实现程序如下：

```
        ORG   00H
        JMP   MAIN
        ORG   03H        ;外部中断 0 入口地址
        JMP   WIN        ;指向中断服务子程序
MAIN：JB P1.6, RSDBJ      ;P1.6 = 0，进入手动报警模式
        JNB   P1.5, SDBJ  ;P1.5 = 0，触发手动报警
        CLR   EX0         ;开放外部中断 0
        SETB  EA          ;CPU 开中断
        JMP   MAIN
RSDBJ：SETB   IT0         ;选择边沿触发方式
        SETB  EX0         ;允许外部中断 0
        SETB  EA          ;CPU 允许中断
        JMP   MAIN
SDBJ：MOV R6, #05H        ;手动报警子程序
LOOP3：MOV  P0, #0        ;点亮 LED
        CALL  DELAY       ;调用延时
        MOV   P0, #255    ;熄灭 LED
        CALL  DELAY       ;调用延时
        DJNZ  R6, LOOP3   ;循环 5 次
        JB   P1.7, SDBJ   ;取消报警开关一直按下，就一直报警，否则跳回主程序
        JMP   MAIN
        ORG   0200H；

;外部中断 0 服务子程序
```

```
WINT：NOP
LOOP1：MOV  R6，♯05H  ；指定循环 5 次
LOOP2：MOV  P0，♯0    ；点亮 LED
       CALL  DELAY    ；调用延时
       MOV   P0，♯255 ；熄灭 LED
       CALL  DELAY    ；调用延时
       DJNZ  R6，LOOP2 循环 5 次
       JB  P1.7，LOOP1 ；取消报警开关一直按下，就一直报警，否则跳回主程序
       RETI            ；中断子程序返回
DELAY：MOV  R3，♯125  ；延时 1s
D1：MOV  R4，♯125
D2：MOV  R5，♯20
    DJNZ  R5，$
    DJNZ  R4，D2
    DJNZ  R3，D1
    RET
    END
```

步骤五：Proteus 仿真，调试程序

调试步骤：建源码文件，加载到系统，选择微控制器及汇编器，将源码经汇编器汇编产生的目标代码加载到微控制器中，启动仿真进行源码调试。此时用的汇编语言，直接使用 Proteus 自带的编译器就即可。

步骤六：焊接电路

对焊点的要求：电连接性能良好；有一定的机械强度；光滑圆润。

步骤七：下载程序，验证结果

通过搭建的硬件电路，观察实际电路能否正常工作，结果分析填入表 4-7 中。

表 4-7 结果分析

操作步骤		操作内容	负载	观察结果	正确结果
1		开机			
2	1	按下 P1.1，按下 P1.2	指示灯		T1、T2 亮，LS1 响
	2	P1.1 未按下			T1、T2 亮，LS1 响

 质量评价标准

项目质量考核要求及评分标准见表 4-8。

表 4-8 质量评价表

考核项目	考核要求	配分	评分标准	扣分	得分	备注
程序设计	1. 能利用中断方法设计法设计该系统 2. 能完成 PCB 电路图绘制和封装	20	1. 输入/输出地址遗漏或写错，每处扣 2 分 2. 指令不正确，每处扣 2 分 3. 不会调用提供的延时，每条扣 2 分			
系统焊接	1. 会安装元件 2. 按图完整、正确及规范焊接 3. 按照要求编号	30	1. 元件松动扣 2 分，损坏一处扣 4 分 2. 虚焊每处扣 2 分 3. 焊接错误，每处扣 1 分			
编程操作	1. 会建立程序新文件 2. 正确烧写程序 3. 正确保存文件	20	1. 不能建立程序新文件或建立错误扣 4 分 2. 烧写程序不正确扣 2 分			
运行操作	1. 操作运行系统，分析运行结果	20	1. 系统通电操作错误一步扣 3 分 2. 运行结果描述不对扣 2 分 3. 仿真结果不正确扣 5 分 4. 验证报警系统逻辑不正确扣 10 分			
安全生产	自觉遵守安全文明生产规程	10	1. 每违反一项规定，扣 3 分 2. 发生安全事故，0 分处理 3. 漏接接地线一处扣 5 分			
时间	2 小时		提前正确完成，每 5 分钟加 2 分 超过定额时间，每 5 分钟扣 2 分			
开始时间：		结束时间：		实际时间：		

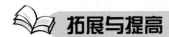

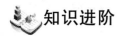

看门狗

由于单片机的工作常常会受到来自外界电磁场的干扰，造成程序的跑飞，导致由单片机控制的系统无法继续工作，便产生了一种专门用于监测单片机程序运行状态的芯片，俗称"看门狗"（Watch Dog），有的地方也称看门狗定时器。

工作原理：在系统运行以后也就启动了看门狗的计数器，看门狗就开始自动计数，如果到了一定的时间还不去清看门狗（喂狗），那么看门狗计数器就会溢出从而引起看门狗中断，造成系统复位。

"看门狗定时器"是这样一种东西，从功能上说它可以让微控制器在意外状况下（如软件陷入死循环)重新回复到系统上电状态,以保证系统出问题的时候重启一次。就像使用电子计算机一样,死机了就按一下 Reset 键重启一次电脑,看门狗就是负责这个任务的。它是 52 单片机增加的一个功能,以前 Intel 8031 …… AT89C51 时代单片机片内都没有"看门狗"功能,需要外扩看门狗芯片,如 X5045。

"看门狗"实质就是一个计数器,由于位数有限,计数器能够装的数值是有限的(如 8 位的最多装 256 个数、16 位的最多装 65536 个数),从开启"看门狗"那刻起,它就开始不停地数机器周期,每数一个机器周期计数器就加 1,直到加到计数器盛不下了(术语称为溢出)就产生一个复位信号,重启系统。

明白了上面的原理,在设计程序时,应先根据看门狗计数器的位数和系统的时钟周期算出计满数需要的时间,即在这个时间内"看门狗"计数器是不会装满的,然后在这个时间内告诉它重新开始计数,即把计数器清零,这个过程称为"喂狗",这样每隔一段时间喂一次狗,只要程序正常运行它就永远计不满,一旦出现死循环之类的故障,没有及时清零计数器,就会导致装满了溢出,它就重启系统,这就是看门狗的"看门"原理。

例如,AT89C51 单片机选用 12MHz 晶振,一个时钟周期为 $1\mu s$,如果"看门狗计数器"是 16 位的,最大计数 65536 个,那么从 0 开始计到 65535 需要约 65ms,所以可以在程序的 50ms 左右清零一次计数器("喂狗"),让它重新从 0 开始计,再过 50ms,再清……,这样下去只要程序正常运行,计数器永远不会计满,也就永远不会被"看门狗"复位。当然这个喂狗的时间是大家自己选的,只要不超过 65ms,选多少都可以,一般不要喂得太勤,这样浪费单片机运行时间,如 1ms 喂一次就太勤了,也不要 65ms 喂一次,这样太边缘,抗干扰能力就下降了,最好是留一定的余量,这需要设计者自己掌握,一般计到 90% 左右就应清一次。

每种单片机的"看门狗"实现方法不尽相同,但是原理都一样,而且"看门狗"都是启动了之后就不能被关闭,只能系统复位(重新断电再上电)才能关闭。设置"看门狗"的一般步骤如下。

(1) 设置"看门狗"相关寄存器,启动"看门狗"。

(2) 隔一段时间清零一次,即"喂狗"。

(3) 如果程序正常,一直运行;如果程序出错,没有按时"喂狗","看门狗"就在溢出的时候复位系统。

习 题

一、填空题

1. 中断技术是解决资源竞争的有效方法,因此可以说中断技术实质上是一个资源_____技术。

2. 中断采样用于判断是否有中断请求信号,_____ AT89C51 才有中断采样的问题。

3. 响应中断后,产生长调用指令 LCALL,执行该指令的过程包括:首先把_____的内容压入堆栈,以进行断点保护,然后把长调用指令的 16 位地址送_____,使程序执行转向_____中的中断地址区。

4. AT89C51 中断有_____个优先级。

5. 外中断请求标志位是_____和_____。

二、选择题

1. 在中断服务程序中，至少应有一条（　　）。

A. 传送指令　　　B. 转移指令　　　C. 加法指令　　　D. 中断返回指令

2. 当 CPU 响应串行接口中断时，程序应转移到（　　）。

A. 0003H　　　　B. 0013H　　　　C. 0023H　　　　D. 0033H

3. 外部中断 1 固定对应的中断入口地址为（　　）。

A. 0013H　　　　B. 000BH　　　　C. 0003H　　　　D. 001BH

4. 各中断源发出的中断请求信号，都会标记在 AT89C51 系统中的（　　）。

A. TMOD　　　　B. TCON/SCON　　C. IE　　　　　D. IP

5. 执行返回指令时，返回的断点是（　　）。

A. 调用指令的首地址　　　　　　　B. 调用指令的末地址

C. 调用指令下一条指令的首地址　　D. 返回指令的末地址

三、简答题

1. 什么是中断、中断源和中断优先级？

2. 中断响应时间是否为确定不变的？为什么？

3. 中断响应后，是怎样保护断点和保护现场的？

4. AT89C51 有几个中断源？有几级中断优先级？各中断标志是如何产生的？又是如何清除的？响应中断时，各中断源中断入口地址是多少？

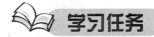

项目5

单片机秒表设计

学习目标

1. 掌握 AT89C51 单片机定时/计数器使用方法。
2. 进一步熟悉单片机 I/O 口的主要功能，掌握单片机中断使用方法。
3. 掌握单片机数码管显示的两种方法。
4. 学会开关状态指示灯控制电路原理图的设计和汇编语言程序编写方法。
5. 能够在 Proteus 软件上实现动态仿真，掌握调试方法。

学习任务

5.1 项目任务

本项目的任务是设计一个单片机秒表系统。

任务要求

通过单片机实现控制 00～99 的计数，根据设计的要求，将 0 到 99 的数据除以 10，分别取商和余数。并且当一秒钟到来时，计数单元加 1，到达 100 时，则自动返回到 0，从新秒计数。同时在计数过程中调用延时程序。

(1) 使用单片机，设计秒表，能显示分分秒秒。

(2) 使用 3 个按键停止、开始、复位，其中"开始"按键当开关由上、向下拨时开始计时，此时若再拨"开始"按键则数码管暂停；"清零"按键当开关由上、向下拨时数码管清零，此时若再拨"开始"按键则又可重新开始计时。

(3) 使用液晶或数码管显示。

(4) 使用定时器中断，单片机秒表设计图如图 5-1 所示。

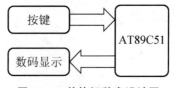

图 5-1 单片机秒表设计图

▄ 5.2　任务流程图

本项目的具体学习过程如图 5-2 所示。

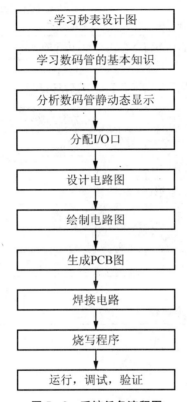

图 5-2　系统任务流程图

📖 环境设备

学习所需工具、设备见表 5-1。

表 5-1　设备清单

分类	序号	名称	型号规格	数量	单位	备注
工具	1	万用表		1	块	
	2	电烙铁		1	只	
	3	焊锡丝		若干	米	
	4	直流稳压电源		1	台	
	5	编程烧写器		1	台	
	6	导线		若干	条	
	7	万用板		1	块	

续表

序号	分类	名称	型号规格	数量	单位	备注
1		IC 芯片	AT89C51	1	片	
2		瓷片电容	33pF	1	只	
3		瓷片电容	100pF	1	只	
4		瓷片电容	104pF	1	只	
5		晶振	12MHz	1	只	
6		电解电容	$10\mu F/25V$	1	只	
7		电解电容	$47\mu f/25V$	1	只	
8	电子元器件	电阻	$1k\Omega$	2	只	
9		发光二极管		1	只	
10		USB 公对公头连接线		1	条	
11		USB 母座	4 脚	1	只	
12		40 脚普通 IC 插座		1	只	
13		单刀开关		1	只	
14		轻触微动开关		3	只	
15		两位一体共阴数码管		1	只	

 背景知识

5.3 LED 原理简述

LED(Light Emitting Diode，发光二极管)是利用 PN 结把电能转换成光能的固体发光器件，根据制造材料的不同可以发出红、黄、绿、白等不同色彩的可见光。LED 的伏安特性类似于普通二极管，正向压降约为 2V 左右，工作电流一般在 10~20 mA 较为合适。

LED 显示器有多种结构形式，单段的圆形或方形 LED 常用来显示设备的运行状态，8 段 LED 可以显示各种数字和字符，所以也称 LED 数码管，其外形如图 5-3 所示。8 段 LED 在控制系统中应用最为广泛，其接口电路也具有普遍借鉴性。因此，下面介绍 8 段 LED 数码管显示器。

单片机应用系统常用的是 8 段 LED，如图 5-4 所示，它有共阴极和共阳极两种。在选用共阴极的 LED 时，只要在某一发光二极管加上高电平，该段即点亮，反之则暗。而选用共阳极的 LED 时，要使某一段发光二极管发亮，则需加上低电平，反之则暗，为了保护各段 LED 不被损坏，需要外加限流电阻。为了要显示某个字形，则应使此字形的相应段点亮，也即送一个不同的电平组合代表的数据来控制 LED 的显示字形，此数据称为字符的段码。

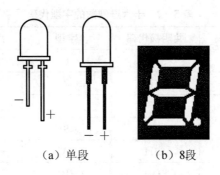

（a）单段　　　（b）8段

图5-3　LED显示器实物图

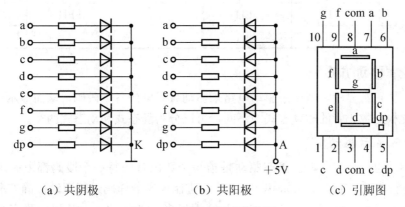

（a）共阴极　　　（b）共阳极　　　（c）引脚图

图5-4　数码管原理结构图

5.3.1　数码管分类

共阴极数码管是将所有发光二极管的阴极接在一起作为公共端com的，当公共端接低电平，某一段阳极上的电平为"1"时，该段点亮，电平为"0"时，该段熄灭。共阴极数据管如图5-4(a)所示。

共阳极数码管图5-4(b)是将所有发光二极管的阳极接在一起作为公共端com的，当公共端接高电平时，某一段阴极上的电平为"0"时，该段点亮，电平为"1"时，该段熄灭。

例如，要显示"0"字符，对于共阴极管应输出段码：

h g f e d c b a
0 0 1 1 1 1 1 1

3FH

对于共阳极管则应输出段码：

h g f e d c b a
1 1 0 0 0 0 0 0

C0H

共阳极管和共阴极管的段码是互为补码的，十六进制数的字型代码见表5-2。

表 5 - 2　十六进制数的字型代码

字型	共阳极代码	共阴极代码	字型	共阳极代码	共阴极代码
0	C0H	3FH	6	82H	7DH
1	F9H	06H	7	F8H	07H
2	A4H	5BH	8	80H	7FH
3	B0H	4FH	9	90H	6FH
4	99H	66H	A	88H	77H
5	92H	6DH	B	83H	7CH
C	C6H	39H	F	8EH	71H
D	A1H	5EH	灭	FFH	00H
E	86H	79H			

5.3.2　驱动方式

数码管要正常显示，就要用驱动电路来驱动数码管的各个段码，从而显示出我们要的数字，因此根据数码管的驱动方式的不同，可以分为静态式和动态式两类。

1. 静态显示驱动

静态驱动也称直流驱动。静态驱动是指每个数码管的每一个段码都由一个单片机的 I/O 端口进行驱动，或者使用如 BCD 码二-十进制译码器译码进行驱动。静态驱动的优点是编程简单，显示亮度高，缺点是占用 I/O 端口多，如驱动 5 个数码管静态显示则需要 5×8＝40 个 I/O 端口来驱动，而一个 89C51 片机可用的 I/O 端口只有 32 个，实际应用时必须增加译码驱动器进行驱动，增加了硬件电路的复杂性。一位 LED 静态显示电路如图 5 - 5 所示。

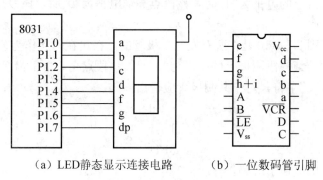

（a）LED静态显示连接电路　　　（b）一位数码管引脚

图 5 - 5　一位 LED 静态显示电路

静态显示原理如下。

（1）显示单个数字的源程序：

```
L1：MOV  P1，#06H
    JMP  L1
```

（2）显示 0～9 的源程序：

```
ORG   0000H              ；开始
AJMP  LOOP
ORG   0080H；到 0030H 处避开 00～30 的敏感地址
LOOP：
MOV   P1，＃1            ；P1 口送数字 1
CALL  DELAY              ；延时
MOV   P1，＃2            ；P1 口送数字 2
CALL  DELAY              ；延时
MOV   P1，＃3
CALL  DELAY
MOV   P1，＃4
CALL  DELAY
JMP   LOOP               ；重新开始
DELAY：MOV R5，＃50      ；延时子程序
D1：MOV R6，＃40
D2：MOV R7，＃248
DJNZ  R7，$
DJNZ  R6，D2
DJNZ  R5，D1
RET
END
```

2. 动态显示驱动

动态显示就是一位一位地轮流点亮各位显示器（扫描），对于显示器的每一位而言，每隔一段时间点亮一次。在同一时刻只有一位显示器在工作（点亮），利用人眼的视觉暂留效应和发光二极管熄灭时的余辉效应，看到的却是多个字符"同时"显示。

显示器亮度既与点亮时的导通电流有关，也与点亮时间和间隔时间的比例有关。调整电流和时间参数，可实现亮度较高、较稳定的显示。

图 5-6 所示为一个 2 位动态 LED 显示器电路。其中段选线占用一个 I/O 口，控制各位 LED 显示器所显示的字形（称为段码或字形口）；位选线需要一个 I/O 口，控制显示器公共极电位（称为位码或字位口）。

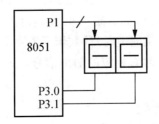

图 5-6　2 位动态显示电路

动态显示器的优点是节省硬件资源，成本较低。但在控制系统运行过程中，要保证显

示器正常显示，CPU 必须每隔一段时间执行一次显示子程序，占用 CPU 大量时间，降低了 CPU 的工作效率，同时显示亮度较静态显示器低。

某系统用单片机的 I/O 口控制两个共阴极接法的 LED 显示器。试编写应用程序使得在 LED 显示器上显示"H"、"P"两个字符。如图 5-6 所示意，具体参考程序如下：

```
LOOP: MOV   P1, ♯76H        ；H 的段码送 P1 口
      MOV   P3, ♯0FEH       ；字选送 P3 口，使第一个数码管亮
      LCALL DELAY           ；调用延时程序
      MOV   P1, ♯73H        ；P 的段码送 P1 口
      MOV   P3, ♯0FDH       ；字选送 P3 口，使另一个数码管亮
      LCALL DELAY           ；调用延时程序
      SJMP  LOOP            ；跳回到开始处循环执行
DELAY: MOV  R7, ♯02         ；延时程序开始
LP1: MOV   R6, ♯0FFH
LP2: DJNZ  R6, LP2
      DJNZ  R7, LP1
      RET；延时子程序返回
```

5.3.3 定时/计数器

1. 定时/计数器概述

在测量控制系统中，常常要求有实时时钟来实现定时测控或延时动作，如要在精确的定时时间，完成定时中断、定时检测、定时扫描等；也会要求有计数器实现对外部事件计数，按计数结果进行控制，如在系统中测电机转速、频率、脉冲个数等。

实现定时/计数，有软件延时、数字电路和硬件的可编程定时/计数器 3 种主要方法。

(1) 软件定时，让机器执行一个程序段，这个程序段本身没有具体的执行目的，通过正确的挑选指令和安排循环次数实现软件延时，由于执行每条指令都需要时间，执行这一段程序所需要的时间就是延时时间，这种软件定时占用 CPU 的执行时间，降低了 CPU 的工作效率，在定时时间较长时不宜选用。

(2) 数字电路硬件定时，如采用小规模集成电路器件 555，外接定时部件(电阻和电容)构成。这样的定时电路简单，但要改变定时范围，必须改变电阻和电容，这种定时电路在硬件连接好后，修改不方便。

(3) 可编程定时/计数器是为方便微机系统的设计和应用而研制的，它是硬件定时，又可以通过软件编程来确定定时时间、定时值及其范围。所以，功能较强，使用灵活。AT89C51 单片机内部有两个 16 位的定时/计数器 T0 和 T1。它们都有定时和事件计数的功能，当达到定时时间或计数值时有相应的输出信号，该信号可向 CPU 提出中断请求以便实现定时或计数控制。

2. 定时/计数器结构与功能

AT89C51 单片机内有两个 16 位的定时/计数器，定时/计数器 0(T0)和定时/计数器 1(T1)。定时器 T0、T1 都是 16 位加 1 计数器定时/计数器的结构，如图 5-7 所示，定时/计数器 T0 由特殊功能寄存器 TH0、TL0(字节地址分别为 8CH 和 8AH)构成，定时/

计数器 T1 由特殊功能寄存器 TH1、TL1(字节地址分别为 8DH 和 8BH)构成。每个定时器都可由软件设置为定时工作方式或计数工作方式,这些功能由其内部一个 8 位的定时器方式寄存器 TMOD 和一个 8 位的定时器控制寄存器 TCON 来设置。这些寄存器之间是通过内部总线和控制逻辑电路连接起来的。

TMOD 主要是用于选定定时器的工作方式,TCON 主要是用于控制定时器的启动和停止。当定时器工作在计数方式时,外部事件是通过引脚 T0(P3.4)和 T1(P3.5)输入的。

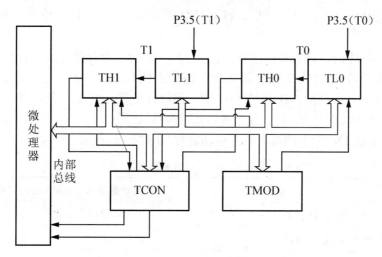

图 5-7 定时/计数器结构框图

定时/计数器对内部的机器周期个数的计数就实现了定时,对片外脉冲个数的计数就是计数功能。在作为定时器使用时,输入的时钟脉冲是由晶体振荡器的输出经 12 分频后得到的,所以定时器也可看作对单片机机器周期的个数的计数器,当晶体振荡器连接确定后,机器周期的时间也就确定了,这样就实现了定时功能。

在作为计数器使用时,接相应的外部输入引脚 T0(P3.4)或 T1(P3.5)。在这种情况下,当检测到输入引脚上的高电平由高跳变到低跳时,计数器就加 1。每个机器周期的 S5P2 时采样外部输入,当采样值在第一个机器周期为高,在第二个机器周期为低时,则在下一个机器周期的 S3P1 期间计数器加 1。由于确认一次负跳变要用两个机器周期,即 24 个振荡周期,因此外部输入的计数脉冲的最高频率为系统振荡频率的 1/24,这就要求输入信号的电平应在跳变后至少一个机器周期内保持不变,以保证在给定的电平再次变化前至少被采样一次。

3. 定时/计数器相关寄存器

AT89C51 系列单片机的定时/计数器是一种可编程序的部件,在定时/计数器开始工作之前,CPU 必须将一些命令(称为控制字)写入该定时/计数器,这个过程称为定时/计数器的初始化。在初始化程序中,要将工作方式控制字写入方式寄存器 TMOD,工作状态控制字(或相关位)写入控制寄存器 TCON。

1) 定时器的方式寄存器 TMOD

特殊功能寄存器 TMOD 为定时器的方式控制寄存器,占用的字节地址为 89H,不可以进行位寻址,如果要定义定时器的工作方式,需要采用字节操作指令赋值。该寄存器中每位的定义见表 5-3。其中高 4 位用于定时器 T1，低 4 位用于定时器 T0。M1、M0 具体工作方式选择见表 5-4。

表 5-3 工作方式控制寄存器 TMOD

位	D7	D6	D5	D4	D3	D2	D1	D0
含义	GTAE	C/$\overline{T}$	M1	M0	GATE	C/$\overline{T}$	M1	M0

（1）M1 和 M0——方式选择位，可通过软件设置选择定时/计数器 4 种工作方式，见表 5-4。

（2）C/$\overline{T}$——定时、计数功能选择位。(C/$\overline{T}$)＝1 时，为计数方式，计数器对外部输入引脚 T0(P3.4)或 T1(P3.5)的外部脉冲的负跳变计数；(C/$\overline{T}$)＝0 时，为定时方式。

（3）GATE——门控位。(GATE)＝0 时，用软件使运行控制位 TR0 或 TR1(定时/计数器控制寄存器 TCON 中的两位)置 1 来启动定时/计数器运行；(GATE)＝1 时，用外部中断引脚(INT1 或 INT0)上的高电平来启动定时/计数器运行。

表 5-4 工作方式选择

M1M0	方式	说明	最大计数次数	最大定时时间 f_{osc}＝6MHz
00	0	13 位定时/计数器	2^{13}(8192)	$2^{13}×2\mu s＝16.384ms$
01	1	16 位定时/计数器	2^{16}(65536)	$2^{16}×2\mu s＝131.072ms$
10	2	自动装入时间常数的 8 位定时/计数器	2^{8}(256)	$2^{8}×2\mu s＝0.512ms$
11	3	对 T0 分为两个 8 位计数器；对 T1 在方式 3 时停止工作	2^{8}(256)	$2^{8}×2\mu s＝0.512ms$

2）定时器控制寄存器 TCON

TCON 的字节地址为 88H，可进行位寻址(位地址为 88H～8FH)，其具体各位定义见表 5-5 所示。

表 5-5 定时器控制寄存器 TCON

位	D7	D6	D5	D4	D3	D2	D1	D0
含义	TF1	TR1	TF0	TR0	IE1	IT1	IE0	IT0

其中低 4 位与外部中断有关，在前面章节有详细介绍，高 4 位的功能如下。

（1）TF0、TF1——分别为定时器 T0、T1 的计数溢出标志位。

当计数器计数溢出时，该位置 1。编程在使用查询方式时，此位作为状态位供 CPU 查询，查询后由软件清零；使用中断方式时，此位作为中断请求标志位，中断响应后由硬件自动清零。

（2）TR0、TR1——分别为定时器 T0、T1 的运行控制位，可由软件置 1 或清零。

(TR0)或(TR1)＝1，启动定时/计数器工作；

(TR0)或(TR1)＝0，停止定时/计数器工作。

4. 定时/计数器工作方式

定时/计数器可以通过特殊功能寄存器 TMOD 中的控制位 C/T 的设置来选择定时器

方式或计数器方式；通过 M1M0 两位的设置选择 4 种工作方式，分别为方式 0、方式 1、方式 2 和方式 3，现以定时/计数器 T0 为例。

1）方式 0

当 M1M0 为 00 时，定时器选定为方式 0 工作。在这种方式下，16 位寄存器(由特殊功能寄存器 TL0 和 TH0 组成)只用了 13 位，TL0 的高 3 位未用，由 TH0 的 8 位和 TL0 的低 5 位组成一个 13 位的定时/计数器，其最大的计数次数应为 2^{13} 次。如果单片机采用 6MHz 晶振，机器周期为 $2\mu s$，则该定时器的最大定时时间为 $2\mu s$。工作方式 0 的逻辑结构图如图 5-8 所示。

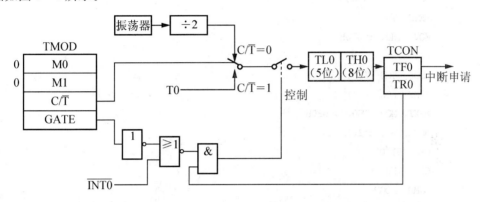

图 5-8　定时/计数器方式 0(13 位计数器)逻辑结构框图

当 GATE＝0 时，只要 TCON 中的启动控制位 TR0 为 1，由 TL0 和 TH0 组成的 13 位计数器就开始计数；当(GATE)＝1 时，仅(TR0)＝1 仍不能使计数器开始工作，还需要 INT0 引脚为 1 才能使计数器工作，即当 INT0 由 0 变为 1 时，开始计数，由 1 变为 0 时，停止计数，这样可以用来测量在 INT0 端的脉冲高电平的宽度。

当 13 位计数器加 1 到全为 1 后，再加 1 就会产生溢出，溢出使 TCON 的溢出标志位 TF0 自动置 1，同时计数器 TH0(8 位)TL0(低 5 位)变为全 0，如果要循环定时，必须要用软件重新装入初值。

定时器工作于方式 0 时，其初值的设置方法：为使定时/计数器在规定的计数脉冲个数后，向 CPU 发出溢出中断，先在 TH0、TL0 中设置初值 X，则到产生中断溢出需要的脉冲个数为 Y，则

$Y＝2^{13}－X$，定时的时间间隔为：$T＝Y\times$振荡周期$\times12＝(2^{13}－X)$振荡周期$\times12$。

【例 5-1】　若单片机的频率为 12MHz，请计算 2ms 所需要的定时器初值。

解：在频率为 12MHz 时，每个计数脉冲的时间间隔为 0.001ms，所以其计数脉冲个数为 2/0.001＝1000 个。在方式 0，计数初值为

$$2^{13}－2000＝6192＝1100000110000B$$

即

$$(TH0)＝11000001B＝0C1H　(取 X 的高 8 位)$$
$$(TL0)＝00010000B＝10H　(取 X 的低 5 位)$$

所以定时器的初值为(TH0)＝0C1H，(TL0)＝00010000B＝10H。

【例 5 - 2】 使 P1.0 输出一个周期为 4ms 的方波。

要使 P1.0 输出一个周期为 4ms 的方波，只需使 P1.0 每隔 2ms 取反一次即可。可以用软件实现，也可以使用定时器来实现。其中，定时器有两种实现方法：查询方式和中断方式。

方法 1：用 T0 定时 2ms，查询 TF0。

(1) 确定工作方式：方式 0。

(2) 计算初值：E018H。

(3) 编程：

```
MOV  TMOD, #00H
SETB TR0
MOV  TH0, #0E0H
MOV  TL0, #18H
LOOP: JCB TF0, NEXT
SJMP LOOP
NEXT: MOV  TH0, #0E0H
MOV  TL0, #18H
CPL  P1.0
CLR  TF0
SJMP LOOP
```

采用查询方式编程简单，但每当查询到 TF0＝1 时，必须使用指令对其标志清零；而且查询方式下 CPU 的使用效率非常低（CPU 大部分工作时间用于查询），采用中断方式，可以提高 CPU 的效率。

方法 2：用 T0 定时 2ms，中断。

```
ORG  0000H
LJMP MAIN
ORG  000BH
LJMP AT0
MAIN: MOV  TMOD, #00H
MOV  TH0, #0E0H
MOV  TL0, #18H
SETB EA
SETB ET0
SETB TR0
HERE: SJMP HERE
AT0: MOV  TMOD, #00H
MOV  TH0, #0E0H
CPL  P1.0
RETI
```

2）方式 1

当 M1M0 为 01 时，定时器选定为方式 1 工作。在这种方式下，16 位寄存器由特殊功能寄存器 TL0 和 TH0 组成一个 16 位的定时/计数器，其最大的计数次数应为 2^{16} 次。如果单片机采用 6MHz 晶振，则该定时器的最大定时时间为 $217\mu s$。工作方式 1 的逻辑结构图如图 5-9 所示。除了计数位数不同外，方式 1 与方式 0 的工作过程相同。

3）方式 2

方式 2 是自动重装初值的 8 位定时/计数器。方式 0 和方式 1 当计数溢出时，计数器变为全 0，因此再循环定时的时候，需要反复重新用软件给 TH 和 TL 寄存器赋初值，这样会影响定时精度，方式 2 就是针对此问题而设置的。

当 M1M0 为 10 时，定时器选定为方式 2 工作。在这种方式下，8 位寄存器 TL0 作为计数器，TL0 和 TH0 装入相同的初值，当计数溢出时，在置 1 溢出中断标志位 TF0 的同时，TH0 的初值自动重新装入 TL0。在这种工作方式下其最大的计数次数应为 28 次。如果单片机采用 6MHz 晶振，则该定时器的最大定时时间为 $29\mu s$。工作方式 2 的逻辑结构图如图 5-10 所示。

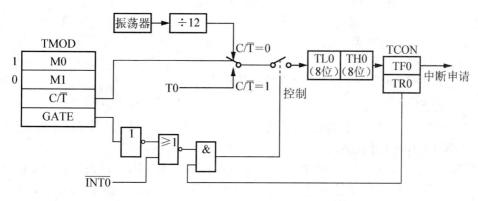

图 5-9　定时/计数器方式 1(16 位计数器)逻辑结构框图

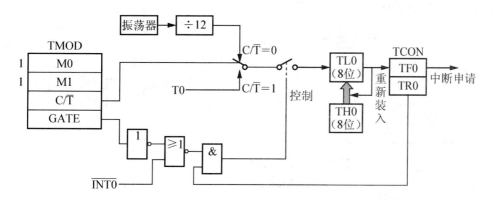

图 5-10　定时/计数器方式 2(8 位计数器)逻辑结构框图

对一次溢出而言，方式 2 的定时时间为

$$t=(2^8-X)\times 晶振周期\times 12$$

方式 2 的计数值范围为 1～256。由方式 2 的特点可知，如果需要更长的定时时间或更大的计数范围，方式 2 实现起来比方式 1 更为方便。

【例 5-3】 用定时/计数器 1 以工作方式 2 计数，要求每计满 100 次进行累加器加 1 操作。

（1）TMOD 初始化：M1M0＝10（方式 2），$C/\overline{T}＝1$（计数功能），GATE＝0（TR1 启

动和停止），因此（TMOD）＝60H。

（2）计算计数初值：$2^8-100=156D=9CH$，所以 TH1＝9CH。

（3）编程：

```
        ORG   0000H
        AJMP  MAIN          ；跳转到主程序
        ORG   001BH         ；定时/计数器1中断服务程序入口地址
        INC   A
        RETI
        ORG   0030H
MAIN：  MOV   TMOD  ＃60H    ；TMOD 初始化
        MOV   TL1，＃9CH     ；首次计数初值
        MOV   TH1，＃9CH     ；装入循环计数初值
        SETB  EA            ；开中断
        SETB  ET1
        SETB  TR1           ；启动定时/计数器1
HERE：  SJMP  HERE          ；等待中断
```

4）方式 3

当 M1M0 为 11 时，定时器选定为方式 3 工作。方式 3 只适用于定时/计数器 T0，定时/计数器 T1 不能工作在方式 3。

定时/计数器 T0 分为两个独立的 8 位计数器：TL0 和 TH0，其逻辑结构如图 5-11 所示，TL0 使用 T0 的状态控制位 C/$\overline{T}$、GATE、TR0 及 INT0，而 TH0 被固定为一个 8 位定时器（不能作为外部计数方式），并使用定时器 T1 的状态控制位 TR1 和 TF1，同时占用定时器 T1 的中断源。

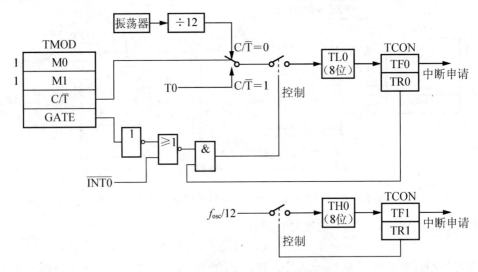

图 5-11　定时/计数器方式 3 逻辑结构框图

一般情况下，当定时器 T1 用作串行口的波特率发生器时，定时/计数器 T0 才工作在方式 3。当定时器 T0 处于工作方式 3 时，定时/计数器 T1 可定为方式 0、方式 1 和方式

2，作为串行口的波特率发生器或不需要中断的场合。

【例 5-4】 某 AT89C51 系统两个外中断源已被占用，设置 T1 工作在方式 2，作为波特率发生器使用，现要求增加一个外部中断源，并控制 P1.0 引脚输出一个 5kHz 的方波。设系统时钟为 6MHz。

(1) 选择工作方式 TL0 为方式 3 计数，把 T0 引脚(P3.4)作为附加的外中断输入端，TL0 初值设为 0FFH，当检测到 T0 引脚电平出现负跳变时，TL0 溢出，申请中断，这相当于跳沿触发的外部中断源。

TH0 为方式 3，8 位定时器，控制 P1.0 输出 5KHz 的方波信号。

(2) 初值计算 TL0 的初值设为 0FFH。

5kHz 的方波的周期为 $200\mu s$，TH0 的定时时间为 $100\mu s$。TH0 初值 X 计算如下：

$$(2^8 - X) \times 2 \times 10 - 6 = 100 \times 10 - 6$$

$$X = 2^8 - 100 = 9CH$$

(3) 程序设计：

```
        ORG   0000H
        LJMP  MAIN
        ORG   000BH              ; T0 中断入口
        LJMP  TL0INT             ; 跳 T0 中断服务程序
        ORG   001BH              ; 在 T0 方式 3 时，TH0 占用 T1 的中断
        LJMP  TH0INT             ; 跳 TH0 中断服务程序
        ORG   0100H
MAIN:   MOV   TMOD, ♯27H         ; TL0 方式 3 计数，T1 方式 2 定
        MOV   TH0, ♯9CH          ; 置 TH0 初值
        MOV   TL0, ♯0FFH         ; 置 TL0 初值
        MOV   TL1, ♯dataL        ; data 为波特率常数
        MOV   TH1, ♯dataH
        MOV   TCON, ♯55H         ; 允许 T0 中断
        MOV   IE, ♯9FH；启动 T1
        ⋮
TL0INT: MOV   TL0, ♯0FFH         ; TL0 重新装入初值
中断处理
TH0INT: MOV   TH0, ♯9CH          ; TH0 中断服务程序，TH0 重新装入初值
        CPL   P1.0               ; P1.0 位取反输出
        RETI                     ; TL0 中断服务程序
```

📖 任务实施指导

步骤一：工作原理

让定时器定时 1s，1s 时间到，计数器加 1，加到 100 时，计数器清零，此时显示又是 0s，暂停使用外部中断 0，复位使用外部中断 1，由于使用到了 3 个中断，必须要指定中

断优先级。根据本项目情况，外部中断 0 优先级设置为最高。

根据设计的要求，利用单片机控制，实现秒计数并显示，具体设计如下：

（1）将 0～99 的数据通过对 10 整除和对 10 求余，将数据的个位和十位分开。

```
DIV  AB
```

（2）加 1 计数。

```
INC  @R0
```

步骤二：绘制仿真电路图

仿真电路原理图如图 5-12 所示。

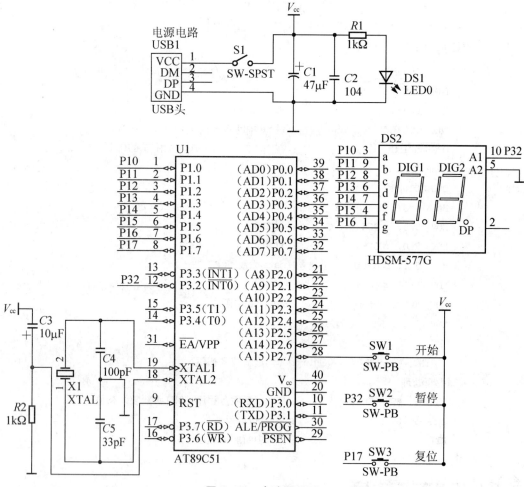

图 5-12　电路原理图

步骤三：绘制程序流程图

（1）主程序流程图如图 5-13 所示。

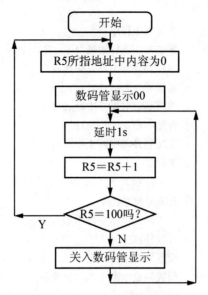

图 5 - 13 秒表原理示意图

（2）延时程序流程图如图 5 - 14 所示。

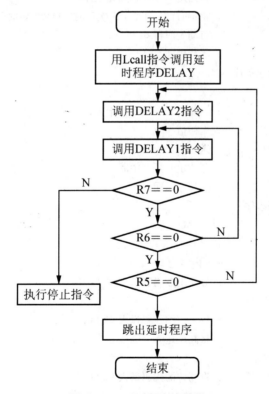

图 5 - 14 延时程序流程图

步骤四：编写程序

单片机秒表源程序如下：

```
ORG  0000H
LJMP  MAIN            ; 跳转到主程序
ORG  0003H           ; 部中断 0 入口地址
LJMP  INIT0          ; 跳转到外部中断 0 中断程序上
ORG  000BH           ; 定时器 0 入口地址
LJMP  TIMER          ; 跳转到定时器 0 中断程序上
ORG  0013H           ; 外部中断 1 入口地址
LJMP  INIT1          ; 跳转到外部中断 1 中断程序上
MAIN：MOV  P1，#3FH   ; 个位显示 0
MOV  P2，#3FH         ; 十位显示 0
SETB  EX0            ; 开放外部中断 0
CLR  IT0             ; 设置外部中断 0 电平触发方式
SETB  EX1            ; 开放外部中断 1
CLR  IT1             ; 设置外部中断 1 电平触发方式
MOV  IP，#04H        ; 设置外部中断 1 为高优先级
SETB  EA             ; CPU 开中断
ACALL  SCAN_KEY      ; 调用键盘扫描程序
ACALL  INIT_TIMER    ; 调用定时器 0 初始化程序
MOV  R0，#0AH        ; 置定时循环次数，1 次定时 100ms，定时时间最终为 1s
SETB  TR0            ; 启动定时器 0
SJMP  $              ; 等待中断
; 定时器 0 初始化程序
INIT_TIMER：
MOV  TMOD，#01H      ; 设置定时器 0 工作于方式 1
MOV  TL0，#0B0H      ; 送初值
MOV  TH0，#3CH       ; 送初值
SETB  ET0            ; 开放定时器 0 中断
RET                  ; 子程序返回
; 数码管显示子程序
DISP：
ZHEN：MOV  A，R5     ; R5 内容送 A
MOV  B，#0AH         ; B 内容为 10
DIV  AB              ; 分离出数码管的十位和个位
MOVC  A，@A+DPTR
MOV  P1，A           ; 将个位的代码送入 P1 口
MOV  A，B            ; 将高位送 A
OVC  A，@A+DPTR
MOV  P2，A           ; 将高位的代码送入 P2 口
RET
; 键盘扫描子程序
SCAN_KEY：
DENDAI：CLR  C       ; 标志位清零
MOV  C，P2.7         ; 秒表开关状态位送 C
```

```
        JNC   DENDAI          ；秒表开关没有启动，则跳转等待
        MOV   DPTR，＃BIAO     ；秒表开关按下，共阴极段码表首址送 DPTR
        RET
；定时器中断服务子程序
        TIMER：
        MOV   TL0，＃0B0H       ；重新送初值
        MOV   TH0，＃3CH        ；重新送初值
        DJNZ  R0，LOOP1        ；循环 10 次，达到 1s
        INC   R5               ；1s 时间到，加 1
        ACALL DISP             ；调用显示程序
        CJNE  R5，＃64H，LOOP1  ；到了 100s，清零重新开始
        MOV   R5，＃00H         ；秒表清零
        LOOP1：RETI；           中断返回
；外部中断 0 服务子程序
        INIT0：
        MOV   C，P2.7；          P2.7 状态送 C
        JNC   INIT0；            秒表开关没有启动，则跳转等待
        RETI
；外部中断 1 服务子程序
        INIT1：MOV  P1，＃3FH    ；个位显示 0
        MOV   P2，＃3FH          ；十位显示 0
        MOV   R5，＃00H          ；秒表清零
        MOV   C，P2.7            ；P2.7 状态送 C
        JNC   INIT1             ；秒表开关没有启动，则跳转等待
        RETI
        BIAO：DB  3FH，06H，5BH，4FH，66H，6DH，7DH，07H，7FH，6FH
        END
```

步骤五：Proteus 仿真，调试程序

调试步骤：建源码文件、加载到系统，选择微控制器及汇编器，将源码经汇编器汇编产生的目标代码加载到微控制器中，启动仿真进行源码调试。此时用的汇编语言，直接使用 Proteus 自带的编译器即可。仿真运行结果如图 5 - 15 所示。

步骤六：焊接电路

焊接对焊点的要求：电连接性能良好；有一定的机械强度；光滑圆润。

步骤七：下载程序，验证结果

通过搭建的硬件电路，观察实际电路能否正常工作。

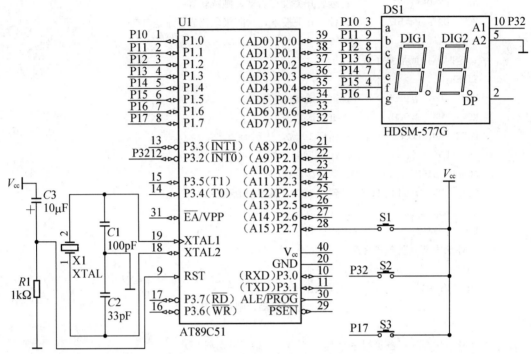

图 5-15　Proteus 仿真运行的结果

质量评价标准

项目质量考核要求及评分标准见表 5-6。

表 5-6　质量评价表

考核项目	考核要求	配分	评分标准	扣分	得分	备注
程序设计	1. 能利用定时器相关知识编写程序 2. 能完成 PCB 电路图绘制和封装	20	1. 输入/输出地址遗漏或写错，每处扣 2 分 2. 指令不正确，每处扣 2 分 3. 不会调用提供的延时，每条扣 2 分			
系统焊接	1. 会安装元件 2. 按图完整、正确及规范焊接 3. 按照要求编号	30	1. 元件松动扣 2 分，损坏一处扣 4 分 2. 虚焊每处扣 2 分 3. 焊接错误，每处扣 1 分			
编程操作	1. 会建立程序新文件 2. 正确烧写程序 3. 正确保存文件	20	1. 不能建立程序新文件或建立错误扣 4 分 2. 烧写程序不正确扣 2 分			

续表

考核项目	考核要求	配分	评分标准	扣分	得分	备注
运行操作	1. 操作运行系统，分析运行结果	20	1. 系统通电操作错误一步扣 3 分 2. 运行结果描述不对扣 2 分 3. 仿真结果不正确扣 5 分 4. 验证秒表系统逻辑不正确扣 10 分			
安全生产	自觉遵守安全文明生产规程	10	1. 每违反一项规定，扣 3 分 2. 发生安全事故，0 分处理 3. 漏接接地线一处扣 5 分			
时间	2 小时		提前正确完成，每 5 分钟加 2 分 超过定额时间，每 5 分钟扣 2 分			
开始时间：		结束时间：		实际时间：		

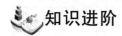

液晶与单片机接口方法

1. 液晶显示简介

单片机的主要输出方式除了发光二极管、数码管之外，还有一种重要的输出模式：液晶显示。液晶显示正被广泛应用于便携式消费电子产品领域。

LCD(Liquid Crystal Display，液态晶体显示器)，一般不会单独使用，而是将 LCD 面板、驱动电路、控制电路集成在一个模块(Mould)上使用，简称 LCM。

到目前为止，比较常用的 LCD 分为点点阵式字符模式 LCD 和点阵式图形模式 LCD。我们选用 16 字×2 行字符模块，其外形如图 5-16 所示，引脚如图 5-17 所示。

2. 1602LCD 的引脚功能

1602LCD 采用标准的 14 脚(无背光)或 16 脚(带背光)接口，各引脚接口说明见表 5-7。

图 5-16　1602 字符型液晶显示器实物

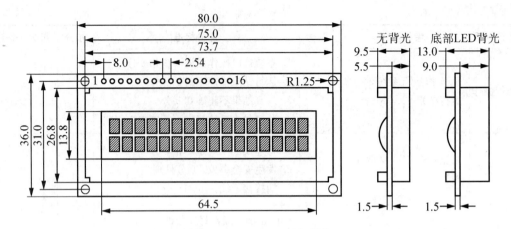

图 5 - 17 1602LCD 尺寸图

表 5 - 7 16×2 引脚功能表

编号	符号	引脚说明	编号	符号	引脚说明
1	V_{SS}	接地电源	9	D2	数据
2	V_{DD}	电源正极	10	D3	数据
3	VL	液晶显示偏压	11	D4	数据
4	RS	数据/命令选择	12	D5	数据
5	R/W	读/写选择	13	D6	数据
6	E	使能信号	14	D7	数据
7	D0	数据	15	BLA	背光源正极
8	D1	数据	16	BLK	背光源负极

第 1 脚：V_{SS}为接地电源。

第 2 脚：V_{DD}接 5V 正电源。

第 3 脚：VL 为液晶显示器对比度调整端，接正电源时对比度最弱，接地时对比度最高，对比度过高时会产生"鬼影"，使用时可以通过一个 10KB 的电位器调整对比度。

第 4 脚：RS 为寄存器选择，高电平时选择数据寄存器，低电平时选择指令寄存器。

第 5 脚：R/W 为读写信号线，高电平时进行读操作，低电平时进行写操作。当 RS 和 R/W 共同为低电平时可以写入指令或者显示地址，当 RS 为低电平，R/W 为高电平时可以读忙信号，当 RS 为高电平，R/W 为低电平时可以写入数据。

第 6 脚：E 端为使能端，当 E 端由高电平跳变成低电平时，液晶模块执行命令。

第 7~14 脚：D0~D7 为 8 位双向数据线。

第 15 脚：背光源正极。

第 16 脚：背光源负极。

3. 1602LCD 的指令说明及时序

1602 液晶模块内部的控制器共有 11 条控制指令，见表 5 - 8。

表 5-8 LCM 控制指令表

序号	指令	RS	R/W	D7	D6	D5	D4	D3	D2	D1	D0
1	清显示	0	0	0	0	0	0	0	0	0	1
2	光标返回	0	0	0	0	0	0	0	0	1	*
3	置输入模式	0	0	0	0	0	0	0	1	I/D	S
4	显示开/关控制	0	0	0	0	0	0	1	D	C	B
5	光标或字符移位	0	0	0	0	0	1	S/C	R/L	*	*
6	置功能	0	0	0	0	1	DL	N	F	*	*
7	置字符发生存储器地址	0	0	0	1	字符发生存储器地址					
8	置数据存储器地址	0	0	1	显示数据存储器地址						
9	读忙标志或地址	0	1	BF	计数器地址						
10	写数到 CGRAM 或 DDRAM)	1	0	要写的数据内容							
11	从 CGRAM 或 DDRAM 读数	1	1	读出的数据内容							
	读数										

　　1602 液晶模块的读写操作、屏幕和光标的操作都是通过指令编程来实现的。（说明：1 为高电平，0 为低电平。）

　　指令 1：清显示，指令码 01H，光标复位到地址 00H 位置。

　　指令 2：光标复位，光标返回到地址 00H。

　　指令 3：光标和显示模式设置。I/D——光标移动方向，高电平右移，低电平左移；S——屏幕上所有文字是否左移或者右移。高电平表示有效，低电平则无效。

　　指令 4：显示开关控制。D——控制整体显示的开与关，高电平表示开显示，低电平表示关显示；C——控制光标的开与关，高电平表示有光标，低电平表示无光标；B——控制光标是否闪烁，高电平闪烁，低电平不闪烁。

　　指令 5：光标或显示移位。S/C——高电平时移动显示的文字，低电平时移动光标。

　　指令 6：功能设置命令。DL——高电平时为 4 位总线，低电平时为 8 位总线。N——低电平时为单行显示，高电平时双行显示。F——低电平时显示 5×7 的点阵字符，高电平时显示 5×10 的点阵字符。

　　指令 7：字符发生器 RAM 地址设置。

　　指令 8：DDRAM 地址设置。

　　指令 9：读忙信号和光标地址。BF——忙标志位，高电平表示忙，此时模块不能接收命令或者数据，如果为低电平表示不忙。

　　指令 10：写数据。

　　指令 11：读数据。

4. 1602LCD 与单片机接扩设计实例

　　16×2LCD 具体使用时，可以直接同单片机 AT89C51 接口，其中数据线 DB0～DB7，控制线 RS、R/W、E 和单片机相连，电路如图 5-18 所示。

编写程序如下。

```
        RS  BIT  P2.0
        RW  BIT  P2.1
        E  BIT  P2.2
        LCD  EQU  P0
        ORG  0000H
        SJMP  MAIN
        MAIN:                    ; 主程序
        MOV  LCD,＃00000001B      ; 清屏并光标复位
        ACALL  WR＿COMM           ; 调用写入命令子程序
        ACALL  INIT＿LCD          ; 调用初始化子程序
        MOV  LCD,＃81H            ; 写入第 1 行第 2 个位置
        ACALL  WR＿COMM           ; 调用写指令子程序
        mov  dptr,＃TAB           ; 准备查表
        movc  a,@a＋dptr          ; 查表取得第一个字符
        mov  LCD,A               ; 显示第一个字符
        ACALL  WR＿DATA           ; 调用写入数据子程序
        JMP  $                   ; 维持当前输出状态
        INIT＿LCD:               ; 1602 初始化程序
        MOV  LCD,＃00111000B      ; 设置 8 位、2 行、5×7 点阵
        ACALL  WR＿COMM·          ; 调用写入命令子程序
        MOV  LCD,＃00001111B      ; 显示器开,光标允许闪烁
        ACALL  WR＿COMM           ; 调用写入命令子程序
        MOV  LCD,＃00000110B      ; 文字不动,光标自动右移
        ACALL  WR＿COMM           ; 调用写入命令子程序
        RET
        ; 写指令子程序
        WR＿COMM:
        CLR  RS                  ; RS＝0,选择指令寄存器
        CLR  RW                  ; RW＝0,选择写模式
        CLR  E                   ; E＝0,禁止读写 LCM
        ACALL  CHECK＿BF          ; 调用判 LCM 忙碌子程序
        SETB  E                  ; E＝1,允许读写 LCM
        ; 判断忙子程序
        CHECK＿BF:
        MOV  LCD,＃0FFH           ; 此时不接受外来指令,8 根数据线全部置高电平
        CLR  RS                  ; RS＝0,选择智力寄存器
        SETB  RW                 ; RW＝1,选择读模式
        CLR  E                   ; E＝0,禁止读写 LCM
        NOP                      ; 延迟一个机器周期
        SETB  E                  ; E＝1,允许读写 LCM,读取忙标志
        JB  LCD.7,CHECK＿BF       ; 忙碌循环等待,BF＝1 时,表示忙
```

```
        RET
        ;写数据子程序
        WR_DATA:
        SETB  RS              ;RS=1,选择数据寄存器
        CLR   RW              ;RW=0,选择写模式
        CLR   E               ;E=0,禁止读写LCM
        ACALL  CHECK_BF;调用判断忙碌子程序
        SETB  E               ;E=1,允许读写LCM
        RET
        TAB:
            DB  "A", 0
        END;程序结束
```

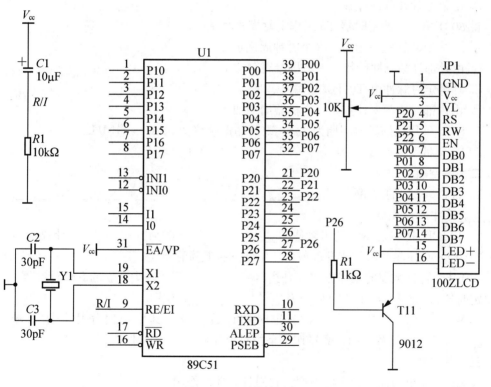

图5-18 硬件原理图

一、选择题

1. 8051单片机的定时器 T1 用作定时模式时是(　　)。

A. 由内部时钟频率定时,一个时钟周期加 1

B. 由内部时钟频率定时,一个机器周期加 1

C. 由外部时钟频率定时，一个时钟周期加 1

D. 由外部时钟频率定时，一个机器周期加 1

2. 8031 单片机的定时器 T0 用作计数模式时是(　　)。

A. 由内部时钟频率定时，一个时钟周期加 1

B. 由内部时钟频率定时，一个机器周期加 1

C. 由外部计数脉冲计数，下降沿加 1

D. 由外部计数脉冲计数，一个机器周期加 1

3. 8031 单片机的定时器 T1 用作计数模式时计数脉冲是(　　)。

A. 外部计数脉冲由 T1(P3.5)输入

B. 外部计数脉冲由内部时钟频率提供

C. 外部计数脉冲由 T0(P3.4)输入

D. 由外部计数脉冲计数

4. 8031 单片机的定时器 T0 用作定时模式时是(　　)。

A. 由内部时钟频率定时，一个时钟周期加 1

B. 由外部计数脉冲计数，一个机器周期加 1

C. 外部定时脉冲由 T0(P3.4)输入定时

D. 由内部时钟频率计数，一个机器周期加 1

5. 8031 单片机的机器周期为 $2\mu s$，则其晶振频率 f_{osc} 为(　　)MHz.

A. 1　　　　　　B. 2　　　　　　C. 6　　　　　　D. 12

二、填空题

1. AT89C51 的中断源有 ＿＿＿＿ ＿＿＿＿；＿＿＿＿，＿＿＿＿，＿＿＿＿ 有 ＿＿＿＿个中断优先级。

2. TMOD 中 M1、M0 的用途是＿＿＿＿，C/T=1 时为方式＿＿＿＿计数＿＿＿＿。

3. AT89C51 单片机用来开放或禁止中断的控制寄存器是＿＿＿＿。

4. 定时器/计数器的工作方式 3 是指得将＿＿＿＿拆成两个独立的 8 位计数器。而另一个定时器/计数器此时通常只可作为＿＿＿＿＿＿使用。

5. AT89C51 的定时/计数器，有定时和计数功能，其中定时作用是指对单片机＿＿＿＿脉冲进行计数，而计数器作用是指对单片机＿＿＿＿脉冲进行计数。

三、简答题

1. 输入/输出通道分为哪些类型？它们各有什么作用？

2. 静态显示和动态显示的区别是什么？

3. AT89C51 单片机内部有几个定时器/计数器，有几种工作方式？

4. 定时器/计时器用作定时器用时，其定时时间和哪些因素有关？作计数器时，对外界计数频率有何限制？

5. AT89C51 单片机的定时器/计数器的定时和计数两种功能各有什么特点？

6. AT89C51 单片机的 T0、T1 定时器/计数器四种工作方式各有什么特点？

7. 根据定时器/计数器 0 方式 1 逻辑结构图，分析门控位 GATE 取不同值时，启动定时器的工作过程。

8. 当定时器/计数器的加 1 计数器计满溢出时，溢出标志位 TF1 由硬件自动置 1，简述对该标志位的两种处理方法。

9. 设 AT89C51 单片机 $f_{osc}=12MHz$，要求 T0 定时 $150\mu s$，分别计算采用定时方式 0、方式 1 和方式 2 时的定时初值。

10. 设 AT89C51 单片机 $f_{osc}=6MHz$，问单片机处于不同的工作方式时，最大定时范围是多少？

项目 **6**

单片机简易病床呼叫系统设计

📖 **学习目标**

1. 了解串行通信基本概念和串行通信总线标准。
2. 掌握 51 单片机的串口结构。
3. 掌握计算机串口通信、单片机串口通信方法。
4. 进一步掌握 LED 数码管动态显示方法。

📖 **学习任务**

📓 6.1 项目任务

本项目的任务：设计一个简易病床呼叫系统。

病床呼叫系统是一种应用于医院病房、养老院等地方，用来联系、沟通医护人员和病员的专用呼叫系统，是提高医院水平的必备设备之一。病床呼叫系统的优劣直接影响到病员的安危，历来受到各大医院的普遍重视。它需要及时、准确可靠、简便可行、利于推广。

目前市场上存在着许多种型号不一、功能各异的医院病房呼叫系统，主要为两大类：有线式和无线式。无线式病房呼叫系统不存在铺设线路的问题，但是可靠性差，而且无线电波会干扰其他医疗仪器设备。

📖 **任务要求**

(1) 编写程序，完成病床号的显示。
(2) 把病人呼叫对应的床号送到护士站，并通过 LED 显示或 LCD 显示。
(3) 有报警提示音。

简易病床呼叫设计图如图 6-1 所示。

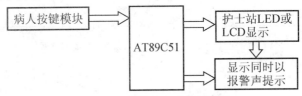

图 6-1 简易病床呼叫设计图

6.2 任务流程图

本项目的具体学习过程如图6-2所示。

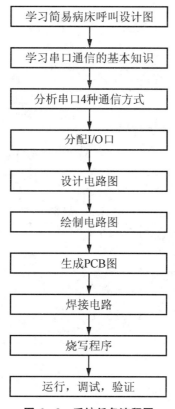

图6-2 系统任务流程图

环境设备

学习所需工具、设备见表6-1。

表6-1 元器件清单

分类	序号	名称	型号规格	数量	单位	备注
工具	1	万用表		1	块	
	2	电烙铁		1	只	
	3	焊锡丝		若干	米	
	4	直流稳压电源		1	台	
	5	编程烧写器		1	台	
	6	导线		若干	条	
	7	万用板		1	块	

续表

序号	分类	名称	型号规格	数量	单位	备注
1		IC 芯片	AT89C51	2	片	
2		瓷片电容	33pF	2	只	
3		瓷片电容	100pF	2	只	
4		瓷片电容	104pF	2	只	
5		晶振	12MHz	2	只	
6		电解电容	10μF/25V	2	只	
7		电解电容	47μf/25V	2	只	
8	电子元器件	电阻	1kΩ	4	只	
9		发光二极管		2V	只	
10		USB公对公头连接线		2	条	
11		USB 母座	4 脚	2	只	
12		40 脚普通 IC 插座		2	只	
13		单刀开关		10	只	
14		轻触微动开关		16	只	
15		一位共阴数码管		2	只	
16		三极管	2N3904	2	只	

6.3 串行通信概念

　　根据传送端与接收端间一次可传送的位数不同，可将传输方式分为并行传输与串行传输两种。

　　(1) 并行传输(Parallel Transmission)：传送端与接收端间有多个传送通道，同一时间有多位同时经由多个传输通道传送到接收端，即每一个传输通道负责一位传输。此种传输方式，因一次传输多位，所以整体传输性能较高。但因传送端与接收端需多个传输通道，其传输成本较高，且因每个传输通道特性不太一样，所以虽传送端同时将数据送出，但也会造成各个传输位到达接收端的时间有所差别。

　　(2) 串行传输(Serial Transmission)：传送端与接收端仅有一个传输通道，传输数据一次一位依次传送到接送端。因传送端与接收端仅用一条传输线，线材成本较低，且因一次仅传送一位，所以接收端一次仅处理一位，不像并行传输需要等待多位到达的等待时间，所以其单位时间可传输的位数(或称传输率)比较高，且较适合远距离传输。

　　由于串行传输比较适合远距离传输，且其位传输率较高，所以目前大多数的数据传输技术都采用串行传输。而串行传输根据其接收端与传送端的位同步技术的不同，又可以分为异步串行传输与同步串行传输两种。

1. 异步串行传输

在异步传输中，传送端与接收端只需约定以 X 速率传输，接收端的接收时钟产生方式和传送者的位传输时钟是互相独立无关的。传送端以 X 速率传送数据而接收端也以 X 速率接收数据，但传送端与接收端产生的频率会有一定程度的相位差，若其相位差太大，则会造成接收错误。这种传输方式是在允许传送有接收时钟频率不需要完全同步的情况下进行的，所以称为异步传输。

数据(以字符为单位)是一帧一帧传送的，且每一帧都有相应的数据格式。在帧格式中，一个字符由 4 部分组成：起始位、数据位、奇偶校验位和停止位。异步通信依靠起始位、停止位控制通信的开始和结束，即保持通信同步。异步通信字符帧的格式如图 6-3 所示。

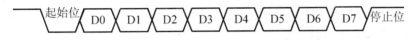

图 6-3　异步通信字符帧的格式

传送的数据是不连续的，以字符为单位传送，字符间隔不固定，如果停止位以后不是紧接着传送下一个字符，则要使线路电平保持为高电平。每一帧数据传送均为低位在前、高位在后。

例如，"5"的 ASCII 码为 35H，其对应 7 位数据位为 0110101。

按低位在前、高位在后顺序排列应为 1010110。

前面加 1 位起始位 0，后面配上偶校验位 1 位 0，最后面加 1 位停止位 1，

所以，传送的字符格式为 0101011001，如图 6-4 所示。

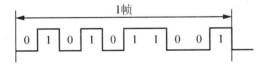

图 6-4　"5"的 ASCII 码异步通信字符帧格式

(1) 位同步：在异步串行传输中，若接收端的接收时钟 RXC 与传送时钟 TXC 的误差过大，将造成接收端的位解码错误。

(2) 字符同步：对异步传输而言，接收端是在检测到传送端开始传送数据时才进行接收采样同步的，因其传送与接收时钟频率可能存在一定程度的误差，若传送端一次传送太多数据，则将因接收时钟频率误差，使得接收时间教长，从而使接收时钟的累计误差大到足以造成接收数据的错误。因此，在异步传输中，传送端一次传输的数据量将限制在一个字符。

(3) 波特率：在用异步通信方式进行通信时，发送端需要用时钟来决定每一位对应的时间长度，接收端需要用一个时钟来测定每一位的时间长度，前一个时钟称为发送时钟，后一个时钟称为接收时钟，这两个时钟的频率可以是位传输率的 16 倍、32 倍或者 64 倍。这个倍数称为波特率因子，而位传输率称为波特率。波特率的定义为每秒钟传送二进制数码的位数(也称比特数)，单位通常为 bps(bit per second)。波特率是串行

通信的重要指标，用于表征数据传输的速度。波特率越高，数据传输速度越快，但和字符的实际传输速率不同。字符的实际传输速率是指每秒钟内所传字符帧的帧数，和字符帧格式有关。

每位的传输时间定义为波特率的倒数。例如，波特率为 9600bps 的通信系统，其每位的传输时间应为

$$T_d = \frac{1}{9600} = 0.104(\text{ms}) \tag{6-1}$$

波特率还和信道的频带有关。波特率越高，信道频带越宽。因此，波特率也是衡量通道频宽的重要指标。通常，异步通信的波特率为 50～9600bps。波特率不同于发送时钟和接收时钟，常是时钟频率的 1/16 或 1/64。

当波特率因子为 16，通信时，接收端在检测到电平由高到低变化以后，便开始计数，计数时钟就是接收时钟。当计到第 8 个时钟以后，就对输入信号进行采样，如仍为低电平，则确认这是起始位，而不是干扰信号。此后，接收端每隔 16 个时钟脉冲对输入端进行一次采样，直到各个信息位及停止位都输入以后，采样才停止。当下一次出现由 1 到 0 的跳变时，接收端重新开始采样。正因为如此，在异步通信时，发送端可以在字符之间插入不等长的时间间隔，也即空闲位。

虽然接收端和发送端的时钟没有直接的联系，但是因为接收端总是在每个字符的起始位处进行一次重新定位，因此必须要保证每次采样对应一个数据位。只有当接收时钟和发送时钟的频率相差太大，从而引起在起始位之后刚采样几次就造成错位时，才出现采样造成的接收错误。如果遇到这种情况，就会出现停止位(按规定停止位应为高电平)为低电平的情况(此情况下，未必每个停止位都是低电平)，于是，会引起信息帧格式错误。对于这类错误，大多数串行接口都是有能力检测出来的。即大多数可编程的串行接口都可以检测出奇/偶校验错误和信息帧格式错误。

异步通信的优点是不需要传送同步脉冲，字符帧长度也不受限制，故所需设备简单。缺点是字符帧中因包含有起始位和停止位而降低了有效数据的传输速率。

2. 同步通信方式

在同步通信中，每一数据块开头时发送一个或两个同步字符，使发送与接收双方取得同步。数据块的各个字符间取消了起始位和停止位，所以通信速度得以提高，如图 6-5 所示。同步通信时，如果发送的数据块之间有间隔时间，则发送同步字符填充。

图 6-5 同步通信的格式

同步通信以一个帧为传输单位，且每个帧中都包含有多个字符。在通信过程中，每个字符间的时间间隔是相等的，而且每个字符中各相邻位代码间的时间间隔也是固定的。同步通信的数据格式如图 6-5 所示。

同步通信的规程有以下两种。

(1)面向比特型规程：以二进制位作为信息单位。现代计算机网络大多采用此类规

程。最典型的是 HDLC(高级数据链路控制)通信规程。

(2)面向字符型规程：以字符作为信息单位，字符是 EBCD 码或 ASCII 码。最典型的是 IBM 公司的二进制同步控制规程(BSC 规程)。在这种控制规程下，发送端与接收端采用交互应答式进行通信。

6.4　RS-232 异步串行传输应用

在实际应用中，常常用到较大规模的数据采集系统。在这些系统中，往往是采用单片机做下位机进行现场测控，而由 PC 或单片机做主机完成整体控制。串行通信由于接线少、成本低，在此类系统中得到了广泛的应用。

由于单片机使用的电平是 TTL 电平，而计算机串口使用的是 RS232 电平。因此两者要通信，就需要电平转换电路。电平转换电路有 MC1488、MC1489、MAX232 等转换芯片。MC1488 可实现 TTL→RS-232 的电平转换；MC1489 可实现 RS-232→TTL 的电平转换；MAX232 芯片可实现 TTL 到 RS232 双向电平的转换。

常用的串行通信总线接口有 3 类：第一类是 RS-232C，其适合短距离的通信；第二类是 RS-499、RS-422、RS-423 和 RS-485，它们的通信距离比 RS-232C 大得多，数据传输速率也快得多，但是设备成本较高；第三类是 20mA 电流环，这是一类非标准的串行接口电路，它的结构简单，对电气噪声不敏感，抗干扰能力强。在实际应用中，应根据自己的需要选择合适的通信接口电路类型。

1. RS-232C 接口

RS-232 是由 EIA 协会制定的标准，EIA 是美国电子工业协会(Electronic Industries Aliance)的简称，此协会指定的标准以 RS(Recommended Association)为开头。RS-232 即 EIA 协会指定的，广泛应用于微机系统中，作为数据终端设备 DTE 与数据通信设备(DCE)，或其他外围设备间的串行传输接口标准。

在传输过程中，最重要的是接收端与传送端的数据同步问题。因为传送端发送出的串行数据有一定的传输速率，接收端也必须具有相同的接收速率，而且必须在数据稳定时进行数据采样，因此最好能在每个位宽度的一半时间采样，即在位时序的中间取样。

在异步串行传输里，传输端与接收端必须选择相同的传输速率(如 1200、2400、4800、9600 等)，单位为波特率(Baud Rate)，其定义为每秒传输线上信号变化的速率。

2. RS-232 接头类型

EIA 针对 RS-232 的连接头标准定义为 25 个引脚。对于目前的应用环境，标准 D 型接头的 25 个引脚大部分是用不到的，因此大部分 RS-232C 制造厂商将 DB-25 引脚中比较常用到的 9 个引脚制作成 9 引脚(或 DB-9)RS-232C 接头，而 DB-9 与 DB-25 的引脚对应关系及其名称说明见表 6-2。

表 6-2　引脚含义

9 引脚接头，DB-9	25 引脚接头，DB-25	引脚名称
1	8	CD 对方的 DCE 已就绪
2	2	TXData 传送数据
3	3	RXDate 接收数据
4	20	DTR DTE 已就绪
5	7	Signal Ground（接地线）
6	6	Data Set Ready（DSR，DCE 已就绪）
7	4	Request to Send（RTS，DTE 要求传送）
8	5	Clear to Send（CTS，DCE 已将传送线路设定好，DTE 可开始传送）
9	22	Ring Indication（RI，DCE 接收到对方的 DCE 要建立通信通道）

3. RS-232C 的连接及电气特性

RS-232C 规定了自己的电气标准，用正负电压来表示逻辑状态，与 TTL 以高低电平表示逻辑状态的规定不同，见表 6-3。并且采用负逻辑，即逻辑"0"：+5～+15V；逻辑"1"：-5～15V。因此，为了能够同计算机接口或终端的 TTL 器件连接，必须在 RS232C 与 TTL 电路之间进行电平和逻辑关系的转换。实现这种转换可用分立元件，也可以用集成电路芯片。目前较为广泛地使用集成电路转换器件，如 MC1488、SN75154 等芯片可完成 TTL 电平到 RS-232C 电平的转换，而 MC1489、SN75154 可以实现 RS-232C 电平到 TTL 电平的转换。图 6-6 所示就是采用 MC1488 和 MC1489 进行转换的示意图；还有一种常用的芯片集成转换器 MAX232，下图为 MAX232 的引脚图。

表 6-3　TTL 电平和 RS-232 电平比较

	TTL 电平（负逻辑）	RS232 电平（负逻辑）
正（逻辑 1）	5V	-3～-15V
负（逻辑 0）	0V	+3～+15V

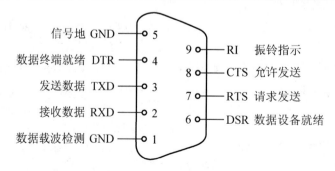

图 6-6　RS-232 在使用 DB-9 作为连接器时的引脚排列和信号名称

因通信时(有干扰)信号要衰减,所以常采用 RS-232 电平负逻辑,拉开"0"和"1"的电压档次,以免信息出错。

6.5　单片机的串行口 UART

6.5.1　UART 的结构

AT89C51 单片机串行口(Universal Asynchronous Receiver/Transmitter,通用异步收发器)主要由发送数据缓冲器、发送控制器、输出控制器、接收数据缓冲器、接收控制器、输入移位寄存器等组成。发送数据缓冲器只能写入,不能读出,接收数据缓冲器只能读出,不能写入,故这两个缓冲器共用一个特殊功能寄存器 SBUF 名称,在 SRF 块中共用一个地址(字地址 99H),由读写指令区分,CPU 写 SBUF 时为发送缓冲器,读 SBUF 时为接收缓冲器。

串行口 UART 通过引脚 TXD(P3.1,串行数据发送引脚)发送数据,通过 RXD(P3.0,串行数据接收引脚)接收数据,其帧格式可以是 8 位、10 位、11 位,并能设置不同的波特率,给串行数据的传送带来很大的灵活性。

1. UART 控制寄存器

UART 串行口是可编程口,需要通过将控制写入预定的特殊功能寄存器 SCON(串行口控制器)和 PCON(电源控制器)来设定串行口的工作方式和工作特性。SCON 和 PCON 中各位定义如图 6-7 所示。

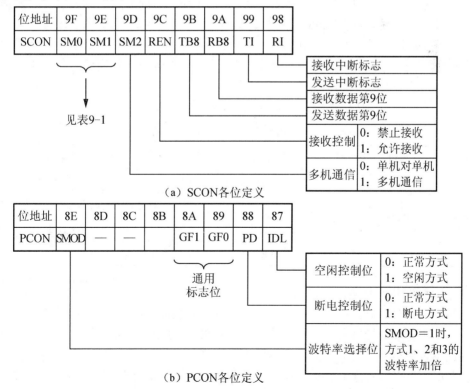

图 6-7　SCON 和 PCON 中各位定义

131

SCON 是一个特殊功能寄存器，用于设定串行口工作方式、接收/发送控制器及设置状态标志，字地址为 98H，可进行位寻址。

2. SCON 各位定义

(1) SM0、SM1：串行口方式选择位，用于控制串行口的工作方式，见表 6-4。

(2) SM2：允许方式 2 和方式 3 进行多机通信控制位。在方式 0 下，SM2 不用，应设置为 0 状态。在方式 1 下，如 SM2＝1，则只有收到有效停止位时才激活 RI，并自动发出串行口中断请求(设中断是开放的)，若没有收到有效停止位，则 RI 清零，则这种方式下，SM2 也应设置为 0。在方式 2 或方式 3 下，若 SM2＝1，则接收到的第 9 位数据(RB8)为 0 时不激活 RI。若 SM2＝0，串行口以单机发送或接收方式工作，TI 和 RI 以正常方式被激活，但不会引起中断请求；若 SM2＝1 和 RB8＝1 时，RI 不仅被激活而且可以向 CPU 请求中断。

(3) REN：允许串行接收控制位。由软件清零(REN＝0)时，禁止串行口接收；由软件置位(REN＝1)时，允许串行口接收。

(4) TB8：在方式 2 和方式 3 下要发送数据的第 9 位。TB8 根据需要由软件置位或复位。

(5) RB8：在方式 2 和方式 3 下，接收到的第 9 位数据，实际上是来自发送机的 TB8。在方式 1 下，若 SM2＝0，则 RB8 用于存放接收到的停止位。在方式 0 下，不使用 RB8。

(6) TI：发送中断标志位，用于指示一帧数据是否发送完毕，在方式 0 下，发送电路发送完第 8 位数据时，TI 由内部硬件自动置位，请求中断；在其他方式下，TI 在发送电路开始发送停止位时由硬件置位，请求中断。即 TI 在发送前必须由软件复位，发送完一帧后由硬件置位。因此，CPU 可以通过查询 TI 状态判断一帧信息是否已发送完毕。

(7) RI：接收中断标志位，用于指示一帧信息是否接收完毕。在方式 0 串行接收完第 8 位数据时由硬件置位 RI；在其他方式下，RI 是在接收电路接收到停止位的中间位时置位的。RI 也可供 CPU 查询，以决定 CPU 是否需要从"SBUF(接收)"中提取接收到的字符或数据。和 TI 一样，RI 也不能自动复位，只能由软件复位。

表 6-4 串行口的工作方式和所用波特率对照表

SM0	SM1	相应工作方式	说明	所用波特率
0	0	方式 0	同步移位寄存器	$f_{osc}/12$
0	1	方式 1	10 位异步收发	波特率可变，由定时器控制(T1 溢出率/n)
1	0	方式 2	11 位异步收发	$f_{osc}/32$ 或 $f_{osc}/64$
1	1	方式 3	11 位异步收发	波特率可变，由定时器控制(T1 溢出率/n)

3. 电源控制寄存器 PCON

电源控制寄存器 PCON，字地址为 87H，只有 D7 位 SMOD 与串行通信有关。

PCON 中与串行接口有关的只有 D7(即 SMOD)，其余各位用于 AT89C51 的电源控制，在此不再介绍。

SMOD：串行口波特系数控制位。在方式 1、方式 2 和方式 3 下，串行通信波特率和 2SMOD 成正比。即当 SMOD＝1 时，通信波特率可以提高一倍。SMOD 的这种控制作用可以用图 6-12 中的 SMOD 开关表示。

6.5.2 串行口的工作方式

AT89C51 有方式 0、方式 1、方式 2 和方式 3 共 4 种工作方式。串行通信只使用方式 1、2、3。方式 0 主要用于扩展并行输入/输出口。

1. 方式 0

在方式 0(SM1=SM0=0)下,串行口为同步移位寄存器方式,其波特率是固定的,为 $f_{osc}/12$,其中 SBUF 是作为同步的移位寄存器用的。在串行口发送时,"SBUF(发送)"相当于一个并入串出的移位寄存器,由 AT89C51 的内部总线并行接收 8 位数据,并从 RXD 线串行输出;在接收操作时,"SBUF(接收)"相当于一个串入并出的移位寄存器,从 RXD 线接收一帧串行数据,并把它并行地送入内部总线,即数据由 RXD(P3.0)出入,同步移位脉冲由 TXD(P3.1)输出。在方式 0 下,SM2、RB8 和 TB8 都不起作用,它们通常均应设置为"0"状态。

1) 方式 0 发送

发送操作是在 TI=0(由软件清零)下进行的,CPU 执行任何一条将 SBUF 作为目的寄存器的送出发送字符指令(如 MOV SBUF, A 指令)。此命令使写信号有效后,相隔一个机器周期,发送控制端 SEND 有效(高电平),允许 RXD 发送数据。同时,允许从 TXD 端输出同步移位脉冲,数据开始从 RXD 端串行发送,其波特率为振荡频率的 1/12,在发送完 8 位数据后,TI 由硬件置位,并可向 CPU 请求中断(若中断开放)。CPU 响应中断后必须用软件将 TI 清零,然后再给"SBUF(发送)"送出下一个欲发送字符,才能发送新数据。

在串行口方式 0 下发送时,TXD 上的负脉冲与从引脚 RXD 发送的一位数据的时间关系如下:在 TXD 为低电平期间数据一直有效,在 TXD 从低电平跳变为高电平的上升沿之前一段时间,RXD 上的数据已有效且稳定,在 TXD 为低电平期间数据一直有效,在 TXD 由低电平跳变为高电平之后,RXD 上的数据还保留一段时间,因此可以利用 TXD 的上跳变或下跳变作为外部串行输入移位寄存器的移位触发时钟信号。

2) 方式 0 接收

串行口接收过程是在 RI=0 和 REN=1 条件下启动的。此时,串行数据依然由 RXD 线输入,TXD 线作为同步脉冲输出端。TXD 每一个负脉冲对应于从 RXD 引脚接收到的一位数据。在 TXD 的每个负脉冲跳变之前,串行口对 RXD 引脚采样,并在 TXD 上跳变后使串行口的"输入移位寄存器"左移一位,把在此之前(TXD 上跳变之前)采样 RXD 所得到的一位数据从 RXD 逐位进入"输入移位寄存器"变成并行数据。在接收电路接收到 8 位数据后,TXD 停留在高电平不变,停止接收,同时,串行口把"输入移位寄存器"的 8 位并行数据装到接收缓冲寄存器(SBUF),并且使 RI 自动置 1 和发出串行口中断请求。CPU 查询到 RI=1 或响应中断后便可通过指令把"SBUF(接收)"中数据送入累加器 A(如 MOV A,SBUF),同时要想再次接收数据,RI 必须由软件复位。

实际上,串行口方式 0 下工作并非一种同步通信方式。它的主要用途是和外部同步移位寄存器连接,以达到扩张一个并行口的目的。

2. 方式 1

当 SCON 中的 SM0、SM1 两位为 01 时,串行口以方式 1(SM0=0,SM1=1)工作,

此时串行口为 8 位异步串行通信接口。一帧信息为 10 位：一位起始位(逻辑 0)、8 位数据位(低位在前，高位在后)和一位停止位(逻辑 1)。TXD 为发送端，RXD 为接收端，波特率可变。

1) 方式 1 发送

当串行口以方式 1 发送(前提是 TI＝0)时，CPU 执行一条写入 SBUF 的指令(MOV SBUF，A 指令)就启动一次串行口发送过程，发送电路就自动在 8 位发送字符前后分别添加 1 位起始位和停止位(在启动发送过程时自动把 SCON 的 TB8 置 1，作为发送的停止位)，并在移位脉冲作用下将数据从 TXD 线上依次发送出去，在发送完一帧信息后，发送电路自动维持 TXD 线为高电平，发送中断标志 TI 也由硬件在发送停止位时置位，并且应由软件将它复位。

2) 方式 1 接收

在 RI＝0 时置 REN＝1(或同时置 SCON 的 REN＝1 和 RI＝0)，便启动了一次接收过程。置 REN＝1 实际上是选择 RXD/P3.0 引脚为 RXD 功能。若 REN＝0，则选择 RXD/P3.0 引脚为 P3.0 功能。接收器对 RXD 线采样，采样脉冲频率是接收时钟的 16 倍。当采样到 RXD 端从 1 到 0 的跳变时就启动接收器接收，当接收电路连续 8 次采样到 RXD 线为低电平时，相应检测器便可确认 RXD 线上有了起始位。在起始位，如果接收到的值不为 0，则起始位无效，复位接收电路，当再次接收到一个由 1 到 0 的跳变时，重新启动接收器。如果接收值为 0，起始位有效，接收器开始接收本帧的其余信息(一帧信息为 10 位)。此后，接收电路就改为对第 7、8、9 共 3 个脉冲采样得到的值进行行位检测，并以 3 中取 2 原则来确定所采样数据的值。在方式 1 接收中，接收到第 9 数据位(即停止位)时，接收电路必须同时满足以下两个条件：RI＝0 和 SM2＝0 或接收到的停止位为"1"，才能把接收到的 8 位字符存入"SBUF(接收)"中，把停止位送入 RB8 中，并使 RI＝1 和发出串行口中断请求(若中断开放)。若上述两个条件任一不满足，则这次收到的数据就被丢弃，不装入"SBUF(接收)"中。中断标志 RI 必须由用户用软件清零。

其实，SM2 是用于方式 2 和方式 3 的。在方式 1 下，SM2 应设定为 0。

在方式 1 下，发送时钟、接收时钟和通信波特率皆由定时器溢出率脉冲经过 32 分频获得，并由 SMOD＝1 倍频。因此，方式 1 下的波特率是可变的，这点同样适用于方式 3。

3. 方式 2 和方式 3

方式 2 和方式 3 都是 11 位通信口，发送和接收的一帧数据由 11 位组成，即一位起始位、8 位数据位(低位在先)、一位可编程位(第 9 位)和一位停止位。发送时可编程位(TB8)根据需要设置为 0 或 1(TB8 既可作为多机通信中的地址数据标志位，又可作为数据的奇偶校验位)，接收时可编程位被送入 SCON 中的 RB8。方式 2 和方式 3 的差异仅在于通信波特率有所不同：方式 2 的波特率由 AT89C51 主频 f_{osc} 经 32 或 64 分频后提供；方式 3 的波特率由定时器 T1 或 T2 的溢出率经 32 分频后提供，故它的波特率是可调的。

方式 2 和方式 3 的发送过程类似于方式 1，所不同的是方式 2 和方式 3 有 9 位有效数据位。发送时，数据由 TXD 端输出，附加的第 9 位数据为 SCON 中的 TB8，CPU 要把第 9 数据位预先装入 SCON 的 TB8 中。第 9 数据位可由用户安排，可以是奇偶校验位，也可以是其他控制位。第 9 数据位的装入可以用如下指令中的一条来完成。

```
SETB  TB8      ; TB8 = 1
CLR   TB8      ; TB8 = 0
```

在第 9 数据位的值装入 TB8 后，执行一条写 SBUF 的指令，把发送字符装入"SBUF（发送）"，便立即启动发送器发送。一帧数据发送完后，TI 被置 1，CPU 便可通过查询 TI 来判断一帧数据是否发送完毕，并以同样方法发送下一字符帧。在发送下一帧信息之前，TI 必须在中断服务程序（或查询程序）由软件清零。

6.6　串行口的通信波特率

AT89C51 单片机串行通信的波特率随串行口工作方式选择不同而不同，它除了与系统的振荡频率 f_{osc}、电源控制寄存器 PCON 的 SMOD 位有关外，还与定时器 T1 的设置有关。串行口的通信波特率反映了串行传输数据的速率。通信波特率的选用，不仅和所选通信设备、传输距离和 MODEM 型号有关，还受传输线状况所制约。用户应根据实际需要加以正确选用。

1. 方式 0 的波特率

在方式 0 下，串行口的通信波特率是固定不变的，仅与系统振荡频率 f_{osc} 有关，其值为 $f_{osc}/12$（f_{osc} 为主机频率）。

2. 方式 2 的波特率

在方式 2 下，波特率也只有两种：$f_{osc}/32$ 和 $f_{osc}/64$。用户可以根据 PCON 中 SMOD 位状态来驱使串行口在某个波特率下工作。选定公式为

$$波特率 = \frac{2^{SMOD}}{64} \cdot f_{osc} \qquad (6-2)$$

即，若 SMOD=0，则所选波特率为 $f_{osc}/64$；若 SMOD=1，则波特率为 $f_{osc}/32$。

3. 方式 1 或方式 3 的波特率

在这两种方式下，串行口波特率是由定时器 T1 或 T2（仅 8052 有）的溢出率和 SMOD 决定的，因此要确定波特率，关键是要计算定时器 T1 或 T2 的溢出率，T1 或 T2 是可编程的，可选的波特率的范围很大，因此这是很常用的工作方式。

8051 系列单片机没有定时器 T2，因此波特率只能由 T1 产生。8052 系列单片机，当专用寄存器 T2CON 的 RCLK 位为 0 时，接收波特率由 T1 产生，当 RCLK=1 时，由 T2 产生；当 T2CON 的 TCLK=0 时发送波特率由 T1 产生，TCLK=1 时，由 T2 产生。以下只讨论由定时器 T1 产生波特率的情况。

当定时器 T1 用作波特率发生器时，应禁止 T1 中断。通常 T1 工作于定时方式（专用寄存器 TMOD 的 D6=0），T1 的计数脉冲为振荡频率的 12 分频信号。

这两种方式下，波特率的相应公式为

$$波特率 = \frac{2^{SMOD}}{32} \cdot 定器 T1 溢出率 \qquad (6-3)$$

定时器 T1 溢出率可定义为

$$定时器 T1 溢出率 = 定时器 T1 溢出次数/秒 \qquad (6-4)$$

定时器 T1 溢出率与定时器的操作模式有关，可通过改变片内特殊功能寄存器 TMOD 中定时器 T1 字段的 M1、M0 两位，即 TMOD.5 和 TMOD.4 位，使定时器 T1 工作在 4 种工作方式(定时器处于方式 3 时，相当于 TR1＝0，停止计数，故 T1 实际上只有 0、1、2 这 3 种方式)下。以下只讨论定时器 T1 处于方式 2(M1M0＝10，计数初值自动重装 8 位计数)时溢出率的计算。

定时器 T1 由两个 8 位计数器 TH1 和 TL1 构成，当 T1 处于方式 2 时，T1 为 8 位自动装载定时器，它使用 TL1 计数，溢出后自动将 TL1 加 1，当 TL1 增至 FFH 时，再增 1，TL1 就产生溢出。可见，定时器 T1 的溢出率不仅与系统时钟频率 f_{osc} 有关，还与每次溢出后 TL1 的重装初值 N 有关，N 越大，定时器 T1 的溢出率也就越大。一种极限情况是：若 $N＝FFH$，那么每隔 12 时钟周期，定时器 T1 就溢出一次。对于一般情况，定时器 T1 溢出一次所需的时间为

$$(2^8-N)\times12\text{周期}=(2^8-N)\times12\times\frac{1}{f_{osc}}\text{s} \tag{6-5}$$

在实际计算时定时器 T1 的溢出率的计算公式为

$$\text{定时器 T1 溢出率}=\frac{f_{osc}}{12}\cdot\left(\frac{1}{2^k-\text{初值}}\right) \tag{6-6}$$

于是，定时器每秒所溢出的次数如式(6-6)所示，式中 $k＝8$。

把式(6-6)代入式(6-3)，便可得到方式 1 或方式 3 的波特率计算公式：

$$\text{波特率}=\frac{2^{SMOD}}{32}\cdot\frac{f_{osc}}{12}\cdot\left(\frac{1}{2^k-\text{初值}}\right) \tag{6-7}$$

式中：k——定时器 T1 的位数，它和定时器 T1 的设定方式有关，即

若定时器 T1 设为方式 0，则 $k＝13$；

若定时器 T1 设为方式 1，则 $k＝16$；

若定时器 T1 设为方式 2 或 3，则 $k＝8$。

其实，定时器 T1 通常采用方式 2，因为定时器 T1 在方式 2 下工作时，当 TL1 从全"1"变为全"0"时，TH1 自动重装 TL1。这种方式，不仅可使操作方便，也可避免因重装初值(时间常数初值)而带来的定时误差。

由式(6-6)可知，方式 1 或方式 3 下所选波特率常常需要通过计算来确定初值，因为该初值是要在定时器 T1 初值化时使用的。为避免繁杂的计算，波特率和定时器 T1 初值间的关系常可列为表 6-5，以供查考。

表 6-5　常用波特率和定时器 T1 的初值关系表

波特率/bps	f_{osc}	SMOD	定时器 T1		
			$C/\overline{T}$	所选方式	相应初值
串行口方式 0　0.5M	6MHz	×	×	×	×
串行口方式 2　187.5K	6MHz	1	×	×	×
方式 1 或 3　19.2K	6MHz	1	0	2	FFH
9.6K	6MHz	1	0	2	FEH
4.8K	6MHz	0	0	2	FDH

波特率/bps	f_{osc}	SMOD	定时器 T1		
			$C/\overline{T}$	所选方式	相应初值
2.4K	6MHz	0	0	2	F9H
1.2K	6MHz	0	0	2	F3H
0.6K	6MHz	0	0	2	E6H
110	6MHz	0	0	2	72H

应当注意两点：一是表中定时器 T1 的时间常数初值和相应波特率之间有一定误差，网上有专用 51 波特率计算器，计算比较准确。消除误差可以通过调整单片机的主频 f_{osc} 实现；二是在定时器 T1 在方式 1 下的初值应考虑到它的重装时间。

6.7　串行通信口应用示例

6.7.1　串行通信方式 0 应用举例

【例6-1】　图 6-8 所示是利用 8 位并行输出串口移位寄存器 74LS164 扩展 16 位输出口的电路。串行口的数据通过 RXD(P3.0)引脚加到 74LS164 的输入端。串行口输出移位时钟通过 TXD(P3.1)引脚加到 74LS164 时钟端，作为同步移位脉冲，其波特率固定为 $f_{osc}/12$。串行通信方式 0 应用电路仿真图如图 6-9 所示。

串行通信方式 0 应用电路程序如下。

```
        ORG  0000H
    MOV  SCON，#00H              ；设定串口工作于方式 0。
    CLR  P1.0                    ；74LS164 清零。
    SETB  P1.0                   ；撤除清零信号。
    MOV  DPTR，#TAB              ；七段数码管段码表首址送 DPTR。
K2：MOV  R0，#10                ；依次显示 10 个数
    MOV  R1，#0                  ；R1 作变址寄存器，起计数作用
K1：MOV  A，R1                  ；R1 值送累加器 A
    MOVC  A，@A＋DPTR            ；段码表首址加变址内容进行查表，查表内容送累加器 A
    MOV  SBUF，A                ；将 A 的内容送 SBUF 启动一次发射
    JNB  TI，$                   ；SBVF 的 8 位数据是否全送 74LS164，若设送完则等待
    CLR  TI                      ；若发送完毕则清发送中断标志
    LCALL  DEL1S                 ；调用 1S 延时程序
    INC  R1                      ；显示下一位数字
    DJNZ  R0，K1                 ；依次显示 10 个数字否，没有则转 K1
    SJMP  K2                     ；循环显示 10 个数字
DEL1S：MOV  R2，#02             ；1S 软件延时程序
LOOP1：MOV  R3，#250
LOOP2：MOV  R4，#250
LOOP3：NOP
```

```
        NOP
        DJNZ    R4, LOOP3
        DJNZ    R3, LOOP2
        DJNZ    R2, LOOP1
        RET                         ; 子程序返回
TAB: DB  0C0H, 0F9H, 0A4H, 0B0H, 99H    ; LED 数码管七段码数据表
DB  92H, 82H, 0F8H, 80H, 90H
        END                         ; 结束
```

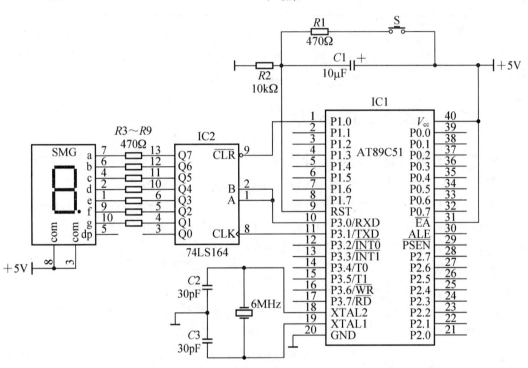

图 6-8   串行通信方式 0 应用电路原理图

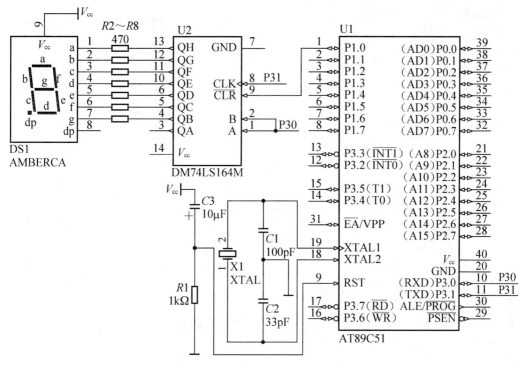

图 6-9　串行通信方式 0 应用电路仿真图

6.7.2　串行通信方式 1 应用举例

串行通信方式应用电路原理图如图 6-10 所示，应用电路仿真图如图 6-11 所示。

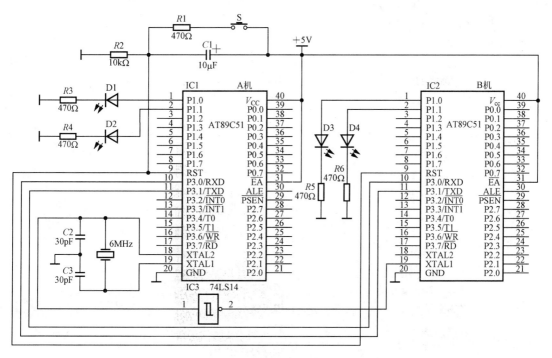

图 6-10　串行通信方式 1 应用电路原理图

串行通信方式 1 应用电路程序如下。

A 机通信程序：

```
        ORG    0000H
        CLR    P1.0              ; 熄灭指示灯 D₁
        CLR    P1.1              ; 熄灭指示灯 D₂
        MOV    TMOD, #20H        ; 启动定时器 T₁ 工作于方式 2
        MOV    TH1, #0F3H        ; 给计数器 T₁ 赋初值规定波特率初值
        MOV    TL1, #0F3H
        SETB   TR1               ; 启动定时器 T₁
        MOV    SCON, #50H        ; 串行口工作于方式 1，允许接收
        MOV    PCON, #00H        ; 波特率不加倍
        MOV    SBUF, #AAH        ; 发送联络特点
        JNB    TI, $             ; 等待一帧发送完毕
        CLR    TI                ; 允许再发送
        JNB    RI, $             ; 等待 B 机应答
        CLR    RI                ; 允许再接收
        MOV    A, SBUF           ; B 机应答后，读至 A
        CJNE   A, #0BBH, ERRA    ; 是否为 B 机联络信号
        MOV    R0, #3            ; 指示灯熄灭 3 次
LPA：   SETB   P1.0              ; 打开指示灯 D₁
        LCALL  DELA              ; 让指示灯继续亮
        CLR    P1.0              ; 熄灭指示灯 D₁
        LCALL  DELA              ; 让指示灯继续灭
        DJNZ   R0, LPA           ; 闪烁 3 次结束
        SJMP   $                 ; 原地踏步
ERRA：  SETB   P1.1              ; 打开指示灯 D₂
        SJMP   $                 ; 原地踏步
DELA：  MOV    R1, #0FAH         ; 延时程序
LOOP1： MOV    R2, #0FAH
LOOP2： NOP
        NOP
        DJNZ   R2, LOOP2
        DJNZ   R1, LOOP1
        RET                      ; 延时子程序返回
```

B 机通信程序：

```
        ORG    0000H
        CLR    P1.0              ; 熄灭指示灯 D₁
        CLR    P1.1              ; 熄灭指示灯 D₂
        MOV    TMOD, #20H        ; 启动定时器 T₁ 工作于方式 2
        MOV    TH1, #0F3H        ; 给计数器 T₁ 赋初值，规定波特率初值
        MOV    TL1, #0F3H
```

```
        SETB   TR1                  ; 启动定时器 T₁
        MOV    SCON, #50H           ; 串行口工作于方式 1, 允许接收
        MOV    PCON, #00H           ; 为特率不加倍
        JNB    RI, $                ; 等待 A 机应答
        CLR    RI                   ; 允许再接收
        MOV    A, SBUF              ; A 机应答后, 读至 A
        CJNE   A, #0AAH, ERRB       ; 是否为 A 机联络信号
        MOV    R0, #3               ; 应答上 3, 指示灯闪烁 3 次
LPB:    SETB   P1.0                 ; 打开指示灯继 D₃
        LCALL  DELB                 ; 让指示灯继续充
        CLR    P1.0                 ; 指示灯熄灭
        LCALL  DELB                 ; 让指示灯继续灭
        DJNZ   R0, LPB              ; 让指示灯闪烁 3 次
        MOV    SBUF, #0BBH          ; 发送联络信号
        JNB    TI, $                ; 等待联络信号发送完毕
        CLR    TI                   ; 允许再次发送
        SJMP   $                    ; 原地踏步
ERRB:   SETB   P1.1                 ; 打开指示灯 D₄
        MOV    SBUF, #0FFH          ; 发送数据
        JNB    TI, $                ; 等待数据发送完
        CLR    TI                   ; 允许下一次发送
        SJMP   $                    ; 原地踏步
DELB:   MOV    R1, #0FAH            ; 延时程序
LOOP1:  MOV    R2, #0FAH
LOOP2:  NOP
        NOP
        DJNZ   R2, LOOP2
        DJNZ   R1, LOOP1
        RET                         ; 延时子程序返回
```

在使用串行口之前, 必须根据事先约定的通信协议对其进行初始化, 主要包括设置产生波特率的定时器 T1、串行口控制和中断控制、具体步骤如下。

(1) 确定波特率。串行口的波特率有两种方式, 固定波特率和可变波特率。当使用可变波特率时, 计算 T1 的计算初值, 并对 T1 进行初始化, 包括设置 T1 的工作方式(编程 TMOD 寄存器), 装载 TL1 和 TH1, 并启动 T1。如果使用固定波特率(方式 0、方式 2), 则此步骤省略。

(2) 对串行口进行初始化, 即对 SCON、PCON 寄存器设定工作方式, 如果是接收程序或双工通信方式, 则需要置 REN＝1, 同时将 TI、RI 清零。

(3) 串行通信可采用两种方式, 即查询方式和中断方式。TI 和 RI 是一帧数据是否发送完或一帧数据是否到齐的标志, 可用于查询。如果设置允许中断, 则可引起中断。两种方式的编程方法如下。

查询方式发送程序: 发送一个数据, 查询 TI, 发送下一个数据(先发后查)。

查询方式接收程序：查询 RI，读入一个数据，再查询 RI，读下一个数据（先查后收）。

中断方式发送程序：发送一个数据，等待中断，在中断中再发送一个数据。

中断方式接收程序：等待中断，在中断中再接收一个数据。

在两种方式中，发送或接收数据后都要注意清 TI 和 RI。

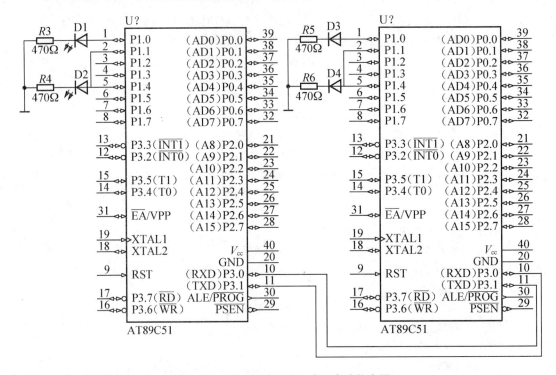

图 6-11　串行通信方式 1 应用电路仿真图

6.7.3　AT89C51 单片机之间的通信

AT89C51 单片机之间的串行通信主要可分为双机通信和多机通信。

1. 双机通信硬件电路

最简单的双机通信，就是直接连接它们的串口，并且共地即可实现，如图 6-12 所示。这种方法只适用于两机距离很近、干扰小的情况。在实际应用中，为了增加通信距离，可以采用 RS-422 标准进行双机通信。同时，为了减少线路及其他干扰，可以采用光电隔离的方法。

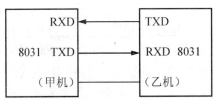

图 6-12　双机通信示意图

2. 双机通信软件编程

在硬件连接好后，便是软件编程设计了。在写程序之前，通信双方应该有一系列的约定，即"协议"。这里举一个实际的例子来说明，假定通信双方约定如下。

双方采用 4800bps 的波特率通信，假设双方都采用 11.0592MHz 的晶振。甲机发送呼叫信号"00"，询问乙机是否准备好接收数据；乙机收到"00"后，若同意接收数据，则向甲机回送"01"；否则，回送"00"。这一步通常简称通信"握手"。

甲机若收到乙机回送的"01"，则开始发送数据。否则，继续呼叫，直到乙机同意接收为止。发送的数据顺序如下：数据个数 n、n 个数据、校验字节；其中校验采用异或校验，即将所有的发送数据异或，并将得到的最后结果作为校验字节。

乙机在接收到数据以后，也将所收到的 n 个数据相异或，并将得到的最后结果再与检验字比较。若相同，则说明数据正确，回送"FF"给甲机；若不同，则说明数据在传输过程中有了干扰，出现了误差，则这些数据就应该抛弃，这时乙机回送"F0"给甲机。甲机收到"FF"，则表示发送任务完成；甲机收到"F0"，则表示发送失败，重发数据。

有了这些约定，可以开始考虑编程实现了。一般而言，双机通信可以采用两种方法编程实现：一种是查询方法，一种是中断方法。下面具体讨论这两种方法的使用。

1）查询方法

查询方法就是整个程序不断循环，进行查询。当查询到需要发送或接收数据时，就执行发送或接收命令。

2）中断方法

两机通信若要使用中断方式，实质在发送时触发相应中断，中断只有被效应而撤除时，才可以继续发送数据；在接收时也触发中断，通知相应设备取数据。

3. 多机通信

在实际应用系统中，经常需要多个单片机芯片之间协调，即多机通信主从式多机通信是多机通信中最广泛的一种，也是最简单的一种，利用 AT89C51 单片机串行口可实现多机通信。读者实际中用到了请查阅相关技术文献。

📖 任务实施指导

步骤一：工作原理

发送单片机位于病房，可以有 8 个床位，一个床位对应一个开关。每个床位的病人通过拨动开关，就可以呼叫护士。开关拨动信息通过串口送出，送达到位于护士站的接收单片机上。接收单片机通过 P1 口驱动 BCD 数码管显示，并以报警声提示。

步骤二：绘制仿真电路图

单片机简易病床呼叫电路图如图 6-13 所示。

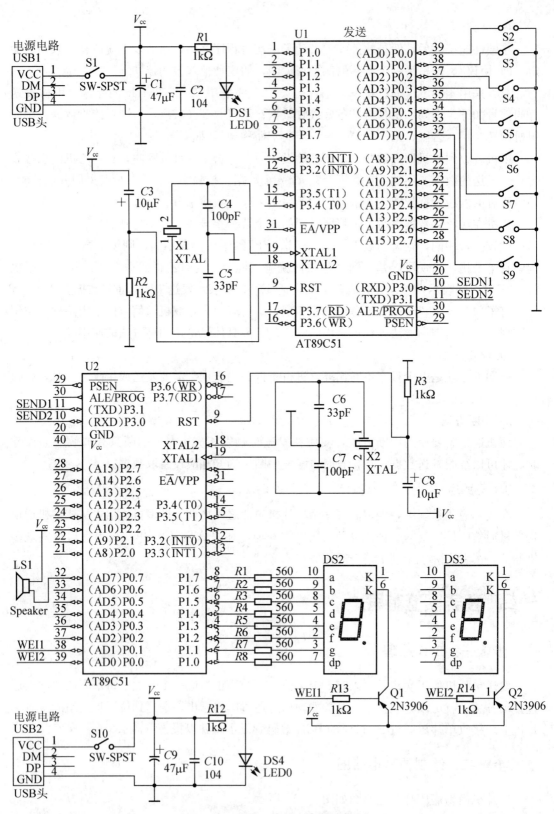

图 6-13　单片机简易病床呼叫电路图

步骤三：绘制程序流程图

程序系统流程图如图 6-14 所示。

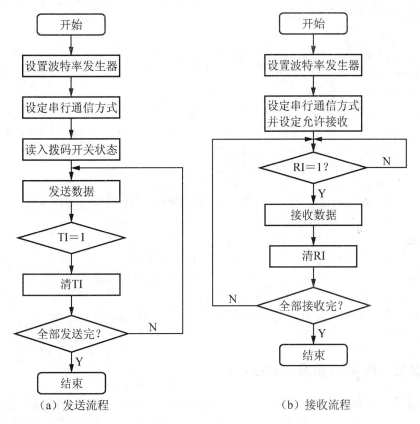

（a）发送流程　　　　　（b）接收流程

图 6-14 系统流程图

步骤四：编写程序

```
        ORG   0000H

        JMP   START            ;跳转到主程序
START:
        MOV   SP, #60H          ;设置堆栈指针初值
        MOV   SCON, #50H        ;设置单片机工作于串口通信方式 1
        MOV   TMOD, #20H        ;使用定时器 T1 工作于方式 2，作波特率发生器使用
        MOV   TH1, #0E6H        ;定时器 T1 定时初值
        SETB  TR1              ;启动定时器 T1
LOOP:
        MOV   A, P2            ;开关拨码状态送累加器 A
        MOV   SBUF, A          ;启动一次发送
        JNB   TI, $            ;TI=0，没有发送完，等待发送完，TI=1，发送完，顺序向
        下执行
```

```
        CLR   TI                    ；清除发送中断标志位
        JMP   LOOP                  ；继续发送
        END
```

接收单片机程序如下。

```
        ORG   0000H
        JMP   START                 ；跳转到主程序
    START：
        MOV   SP，#60H              ；设置堆栈指针初值
        MOV   SCON，#50H            ；设置单片机工作于串口通信方式1
        MOV   TMOD，#20H            ；使用定时器T1工作于方式2，作波特率发生器使用
            MOV   TH1，#0E6H        ；定时器T1定时初值
            SETB  TR1               ；启动定时器T1
    LOOP：
        JB   RI，UART               ；RI＝0，等待；RI＝1，跳转到接收程序UART
        JMPLOOP
    UART：
        MOV   A，SBUF               ；从接收缓冲器接收数据
        MOV   P1，A                 ；把接收到的数据送P1口输出显示
        CLR   RI                    ；清除接收标志位
        JMP   LOOP                  ；继续接收
        END
```

步骤五：Proteus仿真，调试程序

调试步骤：建源码文件、加载到系统，选择微控制器及汇编器，将源码经汇编器汇编产生的目标代码加载到微控制器中，启动仿真进行源码调试。此时用的汇编语言，直接使用Proteus自带的编译器即可。

步骤六：焊接电路

对焊点的要求：电连接性能良好；有一定的机械强度；光滑圆润。

步骤七：下载程序，验证结果

通过搭建的硬件电路，观察实际电路能否正常工作。

质量评价标准

项目质量考核要求及评分标准见表6-6。

表6-6 质量评价表

考核项目	考核要求	配分	评分标准	扣分	得分	备注
程序设计	1. 能利用单片机串口相关知识完成程序设计 2. 能完成 PCB 电路图绘制和封装	20	1. 输入/输出地址遗漏或写错，每处扣2分 2. 指令不正确，每处扣2分 3. 不会调用提供的延时，每条扣2分			
系统焊接	1. 会安装元件 2. 按图完整、正确及规范焊接 3. 按照要求编号	30	1. 元件松动扣2分，损坏一处扣4分 2. 虚焊每处扣2分 3. 焊接错误，每处扣1分			
编程操作	1. 会建立程序新文件 2. 正确烧写程序 3. 正确保存文件	20	1. 不能建立程序新文件或建立错误扣4分 2. 烧写程序不正确扣2分			
运行操作	1. 操作运行系统，分析运行结果	20	1. 系统通电操作错误一步扣3分 2. 运行结果描述不对扣2分 3. 仿真结果不正确扣5分 4. 验证简易病床呼叫逻辑不正确扣10分			
安全生产	自觉遵守安全文明生产规程	10	1. 每违反一项规定，扣3分 2. 发生安全事故，0分处理 3. 漏接接地线一处扣5分			
时间	2小时		提前正确完成，每5分钟加2分 超过定额时间，每5分钟扣2分			
开始时间：		结束时间：		实际时间：		

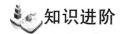

单片机与 PC 的通信

1. 单片机与 PC 串行通信的基本方法

单片机因其体积小、价格低、抗干扰性能好等特点，在现代控制系统中常用作现场实时数据采集和现场实时控制。但是它的数据存储能力和数据处理能力远不及通用微型计算机(PC)，PC 在图形处理、显示及数据库管理等方面均具有明显的优势。所以一般情况下要通过单片机与 PC 连接起来，把单片机采集的数据传送到 PC 上进行存储和处理。随着单片机和 PC 技术的不断发展，特别是网络技术在测控领域的广泛应用，由 PC 和多台单片机构成的多机网络测控系统已成为单片机技术发展的方向，单片机的应用不仅仅局限在传统意义上的自动监测或控制，而且正在向以网络为核心的分布多点系统的方向发展。

在系统中，作为上位机的 PC 与作为下位机的单片机之间的通信，通常采用串行通信总线（如 RS-232C、RS-422 总线等）来实现。下面介绍采用 RS-232C 总线标准的 PC 与单片机的通信方式。单片机的输入和输出电平是 TTL 电平，与 PC 配置的 RS-232C 电气规范不匹配，因此要完成单片机与 PC 的数据通信，必须对单片机输出的 TTL 电平进行电平转换。单片机与 PC 的串行通信方案如图 6-15 所示。

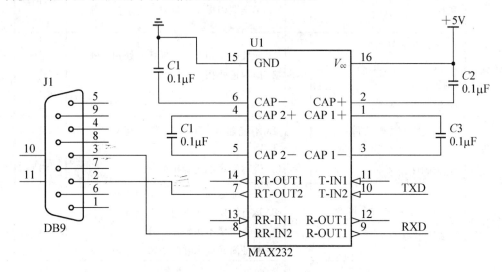

图 6-15 单片机与 PC 的串行通信方案

2. 单片机与 PC 串行口电平转换方法

电平转换可采用专用的转换芯片，也可采用分立元件来实现，这里采用 MAX232 芯片来实现。MAX232 是 MAXIM 公司生产的包含两路驱动器和接收器的 RS-23C 电平转换芯片，芯片内部有一个电压转换器，它可以把输入的 +5V 电压转换成 RS-232C 总线标准所需要的 ±10V 电压。与 MAX232 功能相似的还有 MAX202 及其他公司生产的相关产品。

3. 单片机与 PC 串行通信编程方法

单片机和 PC 通信，在程序上有两部分的内容：一是单片机的数据收发程序，二是 PC 的串行口通信程序和界面的编制。

单片机的收发程序可用汇编程序来实现，也可以用 C 语言来实现。

PC 中一般采用 Visual Basic（简称 VB）或者 Visual C++（简称 VC++）编写通信程序和界面。VB 作为基于 Windows 系统开发的可视化高级语言，以其高效、简单易学及功能强大的特点为程序设计人员所青睐。VB 支持面向对象的程序设计，具有结构化的事件驱动编程模式，并且可以十分方便地做出良好的人机界面。在标准串口通信方面，VB 提供了具有强大功能的通信控件 Mscomm。该控件可方便地设置串行通信的各项参数，如串口状态、串口通信的信息格式和协议等。这是一个标准的 10 位串口通信，包括 8 位标准数据、数据的起始位和停止位。当检测到有发送和接收数据发生，则触发 Oncomm 事件，通过编程访问 COM1 的 event 属性了解通信事件的类型，并进行相应的处理。每个通信控件对应一个串口，可以根据需要访问不同的通信串口。

关于 PC 端的 VB 和 VC＋＋的程序编制本部分没有给出实例，需要时可以学习参考相关书籍。

习 题

一、判断题

1. 串行口数据缓冲器 SBUF 是可以直接寻址的专用寄存器。　　　　　　（　　）

2. 特殊功能寄存器 SCON 与定时器/计数器的控制无关。　　　　　　（　　）

3. 串行口的发送中断与接收中断各自有自己的中断入口地址。　　　　（　　）

4. TI 是串行口发送中断标志，RI 是串行口接收中断标志。　　　　　（　　）

5. 要进行多机通信，MCS-51 串行接口的工作方式应为方式 1。　　　（　　）

6. 串行口的中断，CPU 响应中断后，必须在中断服务程序中，用软件清除相应的中断标志位，以撤销中断请求。　　　　　　　　　　　　　　　　　　（　　）

7. 串行口数据缓冲器 SBUF 是可以直接寻址的专用寄存器。　　　　　（　　）

8. 串行口的方式 2 的波特率为 $F_{osc}/12$。　　　　　　　　　　　　　（　　）

9. 80C51 单片机中的 TXD 为接收串行口。　　　　　　　　　　　　（　　）

10. 半双工是指数据可以同时进行双向传输。　　　　　　　　　　　　（　　）

二、填空题

1. 计算机的数据传送有两种方式，即＿＿＿＿方式和＿＿＿＿方式，其中具有成本低特点的是＿＿＿＿数据传送。

2. 异步串行数据通信的桢格式由＿＿＿＿位、＿＿＿＿位、＿＿＿＿位和＿＿＿＿位组成。

3. 异步串行数据通信有＿＿＿＿，＿＿＿＿和＿＿＿＿共三种数据通路形式。

4. 单片机串行通信时，其波特率分为＿＿＿＿和＿＿＿＿两种方式，在波特率可变的方式中，可采用的＿＿＿＿来设定和计算波特率。

5. 串行口方式 2 接收到的第 9 位数据送＿＿＿＿寄存器的＿＿＿＿位中保存。

6. RS-232 定义了＿＿＿＿和＿＿＿＿之间的物理接口。

7. 串行通信的的错误校验的方法有＿＿＿＿、＿＿＿＿和＿＿＿＿。

8. 方式 0 时，串行接口为＿＿＿＿寄存器的输入输出方式，主要用于扩展＿＿＿＿输入或输出接口。

9. 在串行通信中＿＿＿＿和＿＿＿＿的波特率是固定的，而＿＿＿＿和＿＿＿＿的波特率是可变的。

10. 使用定时器/记数器 1 设置串行通信的波特率时，应把定时器/计数器 1 设定为工作方式＿＿＿＿，即＿＿＿＿方式。

三、单项选择题

1. AT89C51 单片机的串行口是（　　）。

A. 单工　　　　　B. 半双工　　　　　C. 全双工

2. 下列关于 MCS－51 串行口说法不正确的是（　　）。

A. 能同时进行串行发送和接受

B. 它可以作为异步串行通信使用，也可以作同步移位寄存器用

C. 利用串行口可以实现 8051 单片机点对点的单机、多机通信

D. 串行口的波特率是固定的

3. AT89C51 单片机串行口发送/接收中断源的工作过程是：当串行口接收或发送完一帧数据时，将 SCON 中的（　　），向 CPU 申请中断。

A. RI 或 TI 置 1　　　　　　　　　　B. RI 或 TI 置 0

C. RI 置 1 或 TI 置 0　　　　　　　　D. RI 置 0 或 TI 置 1

4. AT89C51 的串行口工作方式中适合多机通信的是（　　）。

A. 方式 0　　　　B. 方式 3　　　　C. 方式 1　　　　D. 方式 2

5. AT89C51 单片机串行口接收数据的次序是（　　）。

(1) 接收完一帧数据后，硬件自动将 SCON 的 R1 置 1

(2) 用软件将 RI 清零

(3) 接收到的数据由 SBUF 读出

(4) 置 SCON 的 REN 为 1，外部数据由 RXD(P3.0)输入

A. (1)(2)(3)(4)　　　　　　　　　　B. (4)(1)(2)(3)

C. (4)(3)(1)(2)　　　　　　　　　　D. (3)(4)(1)(2)

6. AT89C51 单片机串行口发送数据的次序是（　　）。

(1)待发送数据送 SBUF　　　　　　　　(2)硬件自动将 SCON 的 TI 置 1

(3)经 TXD(P3.1)串行发送一帧数据完毕　(4)用软件将 TI 清 0

A. (1)(3)(2)(4)　　　　　　　　　　B. (1)(2)(3)(4)

C. (4)(3)(1)(2)　　　　　　　　　　D. (3)(4)(1)(2)

7. 8051 单片机串行口用工作方式 0 时，（　　）。

A. 数据从 RDX 串行输入，从 TXD 串行输出

B. 数据从 RDX 串行输出，从 TXD 串行输入

C. 数据从 RDX 串行输入或输出，同步信号从 TXD 输出

D. 数据从 TXD 串行输入或输出，同步信号从 RXD 输出

8. 串行通信的传送速率单位是波特，而波特的单位是（　　）。

A. 字符/秒　　　　B. 位/秒　　　　C. 桢/秒　　　　D. 桢/分

9. 执行 MOV SCON，＃00H 后，串行口工作方式设置为（　　）。

A. 方式 0　　　　B. 方式 1　　　　C. 方式 2　　　　D. 方式 3

10. 串行口的控制寄存器 SCON 中，REN 的作用是（　　）。

A. 接收中断请求标志位　　　　　　　B. 发送中断请求标志位

C. 串行口允许接收位　　　　　　　　D. 地址/数据位

11. 帧格式为 1 个起始位、8 个数据位和 1 个停止位的异步串行通信方式是（　　）。

A. 方式 0　　　　B. 方式 1　　　　C. 方式 2　　　　D. 方式 3

12. 以下所列特点中，不属于串行工作方式 2 的是（　　）。

A. 11 位帧格式　　　　　　　　　　B. 有第 9 数据位

C. 使用一种固定的波特率　　　　　　D. 使用两种固定的波特率

四、简答题

1. 简述 80C51 单片机串行通信时在方式 1 下发送数据的过程。

2. RS-232C 和 RS-485 的信号逻辑电平各是什么？在与 80C51 单片机通信时，中间是否都要加装逻辑电平转换芯片？

3. 80C51 单片机串行口有几种工作方式？由什么寄存器决定？

4. 图 6-16 所示为某系统用单片机的 I/O 口控制两个共阴极接法的 LED 显示器。试编写应用程序使得在 LED 显示器上显示"H　P"两个字符。

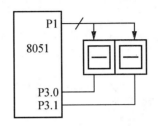

图 6-16　简答题 4 题图

项目 **7**

基于4×4矩阵式键盘识别显示电路的电子钢琴设计

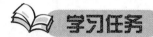

1. 掌握单片机系统扩展方法。
2. 掌握显示接口电路方法。
3. 掌握键盘接口电路设计方法。
4. 掌握存储器扩展方法。

学习任务

7.1 项目任务

本项目的任务是基于4×4矩阵式键盘识别显示电路的电子钢琴，系统要求如下。

AT89C51最小系统，扩展一组小键盘(这里以4×4键盘为例，可按需要扩展)，可以考虑再加一片LM386做音频小功放，输出到扬声器。单片机电子钢琴示意图如图7-1所示。

图7-1 单片机电子钢琴示意图

7.2 任务流程图

本项目的具体学习过程如图7-2所示。

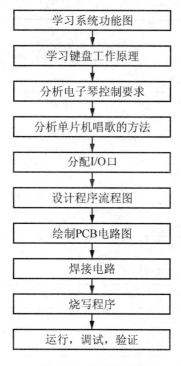

图7-2 任务流程图

环境设备

学习所需工具、设备见表7-1。

表7-1 工具、设备清单

序号	分类	名称	型号规格	数量	单位	备注
1		万用表		1	块	
2		电烙铁		1	只	
3		焊锡丝		若干	米	
4	工具	直流稳压电源		1	台	
5		编程烧写器		1	台	
6		导线		若干	条	
7		万用板		1	块	

续表

序号	分类	名称	型号规格	数量	单位	备注
1	电子元器件	IC芯片	AT89C51	1	片	
2		瓷片电容	33pF	1	只	
3		瓷片电容	100pF	1	只	
4		瓷片电容	104pF	1	只	
5		晶振	12MHz	1	只	
6		电解电容	$10\mu F/25V$	1	只	
7		电解电容	$47\mu f/25V$	1	只	
8		电阻	$1k\Omega$	2	只	
9		发光二极管		1	只	
10		USB公对公头连接线		1	条	
11		USB母座	4脚	1	只	
12		40脚普通IC插座		1	只	
13		单刀开关		1	只	
14		轻触微动开关		16	只	
15		一位共阴数码管		1	只	
16		蜂鸣器		1	只	

7.3 键盘接口技术

1. 键盘工作概述

按键按照结构原理可分为两类：一类是触点式开关按键，如机械式开关、导电橡胶式开关等；另一类是无触点开关按键，如电气式按键，磁感应按键等。前者造价低，后者寿命长。目前，微机系统中最常见的是触点式开关按键。

按键按照接口原理可分为编码键盘与非编码键盘两类，这两类键盘的主要区别是识别键符及给出相应键码的方法。编码键盘主要用硬件来实现对键的识别，非编码键盘主要由软件来实现键盘的定义与识别。

全编码键盘能够由硬件逻辑自动提供与键对应的编码，此外，一般还具有去抖动和多键、窜键保护电路，这种键盘使用方便，但需要较多的硬件，价格较贵，一般的单片机应用系统较少采用。非编码键盘只简单地提供行和列的矩阵，其他工作均由软件完成。由于其经济实用，较多地应用于单片机系统中。下面将重点介绍非编码键盘接口。

2. 键输入原理

在单片机应用系统中，除了复位按键有专门的复位电路及专一的复位功能外，其他按键都是以开关状态来设置控制功能或输入数据的。当所设置的功能键或数字键按下时，计算机应用系统应完成该按键所设定的功能，键信息输入是与软件结构密切相关的过程。

对于一组键或一个键盘，总有一个接口电路与 CPU 相连。CPU 可以采用查询或中断方式了解有没有将键输入并检查是哪一个键按下，将该键号送入累加器 ACC，然后通过跳转指令转入执行该键的功能程序，执行完后再返回主程序。

3. 按键结构与特点

PC 键盘通常使用机械触点式按键开关，其主要功能是把机械上的通断转换成为电气上的逻辑关系。即它能提供标准的 TTL 逻辑电平，以便与通用数字系统的逻辑电平相容。

机械式按键在按下或释放时，由于机械弹性作用的影响，通常伴随有一定时间的触点机械抖动，然后其触点才稳定下来。其抖动过程如图 7-3 所示，抖动时间的长短与开关的机械特性有关，一般为 5～10ms。

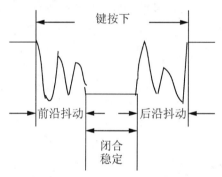

图 7-3　按键触点的机械抖动

在触点抖动期间检测按键的通与断状态，可能导致判断出错。即按键一次按下或释放被错误地认为是多次操作，这种情况是不允许出现的。为了克服按键触点机械抖动所致的检测误判，必须采取去抖动措施，可从硬件、软件两方面予以考虑。在键数较少时，可采用硬件去抖，而当键数较多时，采用软件去抖。

在硬件上可采用在键输出端加 R-S 触发器（双稳态触发器）或单稳态触发器构成去抖动电路，图 7-4 所示是一种由 R-S 触发器构成的去抖动电路，当触发器一旦翻转，触点抖动不会对其产生任何影响。

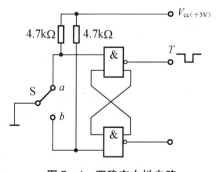

图 7-4　双稳态去抖电路

电路工作过程如下：按键未按下时，$a=0$，$b=1$，输出 $T=1$。按键按下时，因按键的机械弹性作用的影响，使按键产生抖动，当开关没有稳定到达 b 端时，因与非门 2 输出为 0 反馈到与非门 1 的输入端，封锁了与非门 1，双稳态电路的状态不会改变，输出保持为 1，输出 T 不会产生抖动的波形。当开关稳定到达 b 端时，因 $a=1$，$b=0$，使 $T=0$，双稳态电路状态发生翻转。当释放按键时，在开关未稳定到达 a 端时，因 $T=0$，封锁了与非门 2，双稳态电路的状态不变，输出 T 保持不变，消除了后沿的抖动波形。当开关稳定到达 b 端时，因 $a=0$，$b=0$，使 $T=1$，双稳态电路状态发生翻转，输出 T 重新返回原状态。由此可见，键盘输出经双稳态电路之后，输出已变为规范的矩形方波。

在软件上采取的措施是：在检测到有按键按下时，执行一个 10ms 左右（具体时间应视所使用的按键进行调整）的延时程序后，再确认该键电平是否仍保持闭合状态电平，若仍保持闭合状态电平，则确认该键处于闭合状态；同理，在检测到该键释放后，也应采用相同的步骤进行确认，从而可消除抖动的影响。

4．按键编码

一组按键或键盘都要通过 I/O 口线查询按键的开关状态。根据键盘结构的不同，采用不同的编码。无论有无编码，以及采用什么编码，最后都要转换成为与累加器中数值相对应的键值，以实现按键功能程序的跳转。

5．编制键盘程序

一个完善的键盘控制程序应具备以下功能：

（1）检测有无按键按下，并采取硬件或软件措施，消除键盘按键机械触点抖动的影响。

（2）有可靠的逻辑处理办法。每次只处理一个按键，其间对任何按键的操作对系统不产生影响，且无论一次按键时间有多长，系统仅执行一次按键功能程序。

（3）准确输出按键值（或键号），以满足跳转指令要求。

7.4 独立式按键

单片机控制系统中，往往只需要几个功能键，此时，可采用独立式按键结构。

1．独立式按键结构

独立式按键是直接用 I/O 口线构成的单个按键电路，其特点是每个按键单独占用一根 I/O 口线，每个按键的工作不会影响其他 I/O 口线的状态。独立式按键的典型应用如图 7-5 所示。

独立式按键电路配置灵活，软件结构简单，但每个按键必须占用一根 I/O 口线，因此，在按键较多时，I/O 口线浪费较大，不宜采用。

图 7-5 中按键输入均采用低电平有效，此外，上拉电阻保证了按键断开时，I/O 口线有确定的高电平。当 I/O 口线内部有上拉电阻时，外电路可不接上拉电阻。

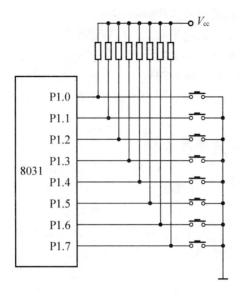

图 7 - 5　独立式按键电路

2. 独立式按键的软件结构

独立式按键软件常采用查询式结构。先逐位查询每根 I/O 口线的输入状态，如某一根 I/O 口线输入为低电平，则可确认该 I/O 口线所对应的按键已按下，然后，再转向该键的功能处理程序。图 7-5 中的 I/O 口采用 P1 口，请读者自行编制相应的软件。

■7.5　矩阵式按键

单片机系统中，若使按键较多时，通常采用矩阵式(也称行列式)键盘。

7.5.1　矩阵式键盘的结构及原理

矩阵式键盘由行线和列线组成，按键位于行、列线的交叉点上，其结构如图 7 - 6 所示。

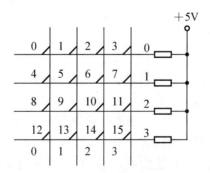

图 7 - 6　矩阵式键盘结构

由图可知，一个 4×4 的行、列结构可以构成一个含有 16 个按键的键盘，显然，在按键数量较多时，矩阵式键盘比独立式按键键盘要节省很多 I/O 口。

矩阵式键盘中，行、列线分别连接到按键开关的两端，行线通过上拉电阻接到＋5V上。当无键按下时，行线处于高电平状态；当有键按下时，行、列线将导通，此时，行线电平将由与此行线相连的列线电平决定。这是识别按键是否按下的关键。然而，矩阵键盘中的行线、列线和多个键相连，各按键按下与否均影响该键所在行线和列线的电平，各按键间将相互影响。因此，必须将行线、列线信号配合起来做适当处理，才能确定闭合键的位置。

7.5.2 矩阵式键盘按键的识别

识别按键的方法很多，其中，最常见的方法是扫描法。下面以图7-7中3号键的识别为例来说明扫描法识别按键的过程。

矩阵中无按键按下时，行线为高电平；当有按键按下时，行线电平状态将由与此行线相连的列线的电平决定。列线的电平如果为低，则行线电平为低；列线的电平如果为高，则行线的电平也为高，这是识别按键是否按下的关键所在。

由于矩阵式键盘中行、列线为多键共用，各按键彼此将相互发生影响，所以必须将行、列线信号配合，才能确定闭合键位置。下面讨论矩阵式键盘按键的识别方法。

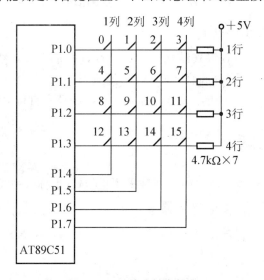

图7-7 矩阵式键盘接口

1. 扫描法

第1步，识别键盘有无键按下；第2步，如有键被按下，识别出具体的键位。

下面以图7-7所示的键3被按下为例，说明识别过程。

第1步，识别键盘有无键按下。先把所有列线均置为0，然后检查各行线电平是否都为高电平，如果不全为高电平，说明有键按下，否则无键被按下。

例如，当键3按下时，第1行线为低，还不能确定是键3被按下，因为如果同一行的键2、1或0之一被按下，行线也为低电平。只能得出第1行有键被按下的结论。

第2步，识别出哪个按键被按下。采用逐列扫描法，在某一时刻只让1条列线处于低电平，其余所有列线处于高电平。

当第1列为低电平，其余各列为高电平时，因为是键3被按下，第1行的行线仍处于高电平；

当第 2 列为低电平，其余各列为高电平时，第 1 行的行线仍处于高电平；

直到让第 4 列为低电平，其余各列为高电平时，此时第 1 行的行线电平变为低电平，据此，可判断第 1 行第 4 列交叉点处的按键，即键 3 被按下。

综上所述，扫描法的思想是，先把某一列置为低电平，其余各列置为高电平，检查各行线电平的变化，如果某行线电平为低电平，则可确定此行此列交叉点处的按键被按下。

2. 线反转法

扫描法要逐列扫描查询，有时则要多次扫描。而线反转法则很简练，无论被按键是处于第一列或最后一列，均只需经过两步便能获得此按键所在的行列值，下面以图 7-8 所示的矩阵式键盘为例，介绍线反转法的具体步骤。

设置行线编程为输入线，列线编程为输出线，并使输出线输出为全低电平，则行线中电平由高变低的所在行为按键所在行。

再设置行线编程为输出线，列线编程为输入线，并使输出线输出为全低电平，则列线中电平由高变低所在列为按键所在列。

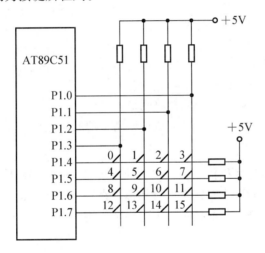

图 7-8　采用线反转法的矩阵式键盘

两步即可确定按键所在的行和列，从而识别出所按的键。

假设键 3 被按下。

第 1 步，P1.0～P1.3 输出全为"0"，然后，读入 P1.4～P1.7 线的状态，结果 P1.4＝0，而 P1.5～P1.7 均为 1，因此，第 1 行出现电平的变化，说明第 1 行有键按下；

第 2 步，让 P1.4～P1.7 输出全为"0"，然后，读入 P1.0～P1.3 位，结果 P1.0＝0，而 P1.1～P1.3 均为 1，因此第 4 列出现电平的变化，说明第 4 列有键按下。

综上所述，即第 1 行、第 4 列按键被按下，此按键即键 3。线反转法简单适用，但不要忘记按键去抖动处理。

7.5.3　键盘的编码

对于独立式按键键盘，因按键数量少，可根据实际需要灵活编码。对于矩阵式键盘，按键的位置由行号和列号唯一确定，因此可分别对行号和列号进行二进制编码，然后将两值合成一个字节，高 4 位是行号，低 4 位是列号。如图 7-8 中的 8 号键，它位于第 2 行，第 0 列，因此，其键盘编码应为 20H。采用上述编码对于不同行的键离散性较大，不利于散转指令对按键进行处理。因此，可采用依次排列键号的方式对安排进行编码。以图 7-8 中的 4×4 键盘为例，可将键号编码为：01H、02H、03H、…、0EH、0FH、10H 等 16 个键号。编码相互转换可通过计算或查表的方法实现。

7.5.4 键盘的工作方式

在单片机应用系统中，键盘扫描只是 CPU 的工作内容之一。CPU 对键盘的响应取决于键盘的工作方式，键盘的工作方式应根据实际应用系统中 CPU 的工作状况而定，其选取的原则是既要保证 CPU 能及时响应按键操作，又不要过多占用 CPU 的工作时间。通常，键盘的工作方式有 3 种，即编程扫描、定时扫描和中断扫描。

1. 编程扫描方式

编程扫描方式是利用 CPU 完成其他工作的空余调用键盘扫描子程序来响应键盘输入的要求。在执行键功能程序时，CPU 不再响应键输入要求，直到 CPU 重新扫描键盘为止。

键盘扫描程序一般应包括以下内容：

（1）判别有无键按下。

（2）键盘扫描取得闭合键的行、列值。

（3）用计算法或查表法得到键值。

（4）判断闭合键是否释放，如未释放则继续等待。

（5）将闭合键键号保存，同时转去执行该闭合键的功能。

2. 定时扫描方式

每隔一定的时间对键盘扫描一次。在这种方式中，通常利用单片机内的定时器产生的定时中断，进入中断子程序来对键盘进行扫描，在有键按下时识别出该键，并执行相应键的处理程序。为了不漏判有效的按键，定时中断的周期一般应小于 100ms。

3. 中断扫描方式

采用上述两种键盘扫描方式时，无论是否按键，CPU 都要定时扫描键盘，而单片机应用系统工作时，并非经常需要键盘输入，因此，CPU 经常处于空扫描状态，为提高 CPU 工作效率，可采用中断扫描工作方式。其工作过程如下：当无键按下时，CPU 处理自己的工作，当有键按下时，产生中断请求，CPU 转去执行键盘扫描子程序，并识别键号。此种方式的优点是，只有按键按下时，才进行处理，所以其实时性强，工作效率高。

图 7-9 所示是一种简易键盘接口电路，该键盘是由 8051P1 口的高、低字节构成的 4×4 键盘。键盘的列线与 P1 口的高 4 位相连，键盘的行线与 P1 口的低 4 位相连，因此，P1.4～P1.7 是键输出线，P1.0～P1.3 是扫描输入线。图中的 4 输入与门用于产生按键中断，其输入端与各列线相连，再通过上拉电阻接至+5V 电源，输出端接至 8051 的外部中断输入端 $\overline{INT0}$。具体工作如下：当键盘无键按下时，与门各输入端均为高电平，保持输出端为高电平；当有键按下时，$\overline{INT0}$ 端为低电平，向 CPU 申请中断，若 CPU 开放外部中断，则会响应中断请求，转去执行键盘扫描子程序。

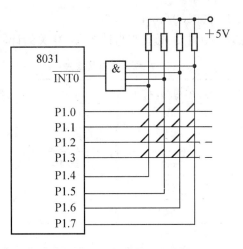

图 7-9　中断扫描键盘电路

7.6　音乐产生的方法

一段音乐是由许多不同的音阶组成的，而每个音阶对应着不同的频率，这样我们就可以利用不同的频率的组合，构成所想要的音乐了。当然，使用单片机产生不同的频率非常方便，我们可以利用单片机的定时/计数器 T0 来产生这样的方波频率信号，因此，只要把一段音乐的音阶对应频率关系正确即可。

若要产生音频脉冲，只要算出某一音频的周期(1/频率)，再将此周期除以 2，即为半周期的时间。利用定时器计时半周期时间，每当计时终止后就将 P1.0 反相，然后重复计时，再反相。就可在 P1.0 引脚上得到此频率的脉冲。

利用 AT89C51 的内部定时器使其在工作计数器模式(MODE1)下，改变计数值 TH0 及 TL0 以产生不同频率的方法产生不同音阶。例如，频率为 523Hz，其周期 $T=1/523=1912\mu s$，因此只要令计数器计时 $956\mu s/1\mu s=956$，每计数 956 次时将 I/O 反相，就可得到中音 DO(523Hz)。

计数脉冲值与频率的关系式为

$$N=f_i/2/f_r \qquad (7-1)$$

式中：N——计数值；

f_i——机器频率(晶体振荡器为 12MHz 时，其频率为 1MHz)；

f_r——想要产生的频率。

其计数初值 T 的求法如下：

$$T=65536-N=65536-f_i/2/f_r$$

应用举例如下：设 $K=65536$，$f_i=1MHz$，求低音 DO(261Hz)、中音 DO(523Hz)、高音 DO(1046Hz)的计数值。

$T=65536-N=65536-f_i/2/f_r=65536-1000000/2/f_r=65536-500000/f_r$

低音 DO 的 $T=65536-500000/262\approx63628$

中音 DO 的 $T=65536-500000/523\approx64580$

高音 DO 的 $T=65536-500000/1046\approx65058$

单片机 12MHz 晶振，高、中、低音符与计数 T0 相关的计数值见表 7-2。

表 7-2 音符频率表

音符	频率/Hz	简谱码(T值)	音符	频率/Hz	简谱码(T值)
低 1DO	262	63628	♯4FA♯	740	64860
♯1DO♯	277	63731	中 5SO	784	64898
低 2RE	294	63835	♯5SO♯	831	64934
♯2RE♯	311	63928	中 6LA	880	64968
低 3M	330	64021	♯6	932	64994
低 4FA	349	64103	中 7SI	988	65030
♯4FA♯	370	64185	高 1DO	1046	65058
低 5SO	392	64260	♯1DO♯	1109	65085
♯5SO♯	415	64331	高 2RE	1175	65110
低 6LA	440	64400	♯2RE♯	1245	65134
♯6	466	64463	高 3M	1318	65157
低 7SI	494	64524	高 4FA	1397	65178
中 1DO	523	64580	♯4FA♯	1480	65198
♯1DO♯	554	64633	高 5SO	1568	65217
中 2RE	587	64684	♯5SO♯	1661	65235
♯2RE♯	622	64732	高 6LA	1760	65252
中 3M	659	64777	♯6	1865	65268
中 4FA	698	64820	高 7SI	1967	65283

为这个音符建立一个表格，单片机通过查表的方式来获得相应的数据。低音为 0～19，中音为 20～39，高音为 40～59。

```
TABLE: DW   0, 63628, 63835, 64021, 64103, 64260, 64400, 64524, 0, 0
       DW   0, 63731, 63928, 0, 64185, 64331, 64463, 0, 0, 0
       DW   0, 64580, 64684, 64777, 64820, 64898, 64968, 65030, 0, 0
       DW   0, 64633, 64732, 0, 64860, 64934, 64994, 0, 0, 0
       DW   0, 65058, 65110, 65157, 65178, 65217, 65252, 65283, 0, 0
       DW   0, 65085, 65134, 0, 65198, 65235, 65268, 0, 0, 0
       DW   0
```

音乐的音拍，一个节拍为单位(C 调)，曲调值见表 7-3。

表7-3　曲调值

曲调值	DELAY	曲调值	DELAY
调4/4	125ms	调4/4	62ms
调3/4	187ms	调3/4	94ms
调2/4	250ms	调2/4	125ms

对于不同的曲调，也可以用单片机的另外一个定时/计数器来完成。

琴键处理程序，根据检测到得按键值，查询音律表，给计时器赋值，发出相应频率的声音。对音调的控制：根据不同的按键，对定时器 T1 送入不同的初值，调节 T1 的溢出时间，这样就可以输出不同音调频率的方波。

在这个程序中用到了两个定时/计数器。其中 T0 用来产生音符频率，T1 用来产生音拍。

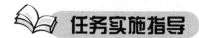

步骤一：工作原理

1. 4×4 矩阵式键盘识别显示系统概述

矩阵式键盘模式以 N 个端口连接控制 $N×N$ 个按键，实时在 LED 数码管上显示按键信息。显示按键信息，既降低了成本，又提高了精确度，省下了很多的 I/O 端口为他用，相反，独立式按键虽编程简单，但占用 I/O 口资源较多，不适合在按键较多的场合应用。并且在实际应用中经常要用到输入数字、字母、符号等操作功能，如电子密码锁、电话机键盘、计算器按键等，至少都需要 12～16 个按键，在这种情况下如果用独立式按键，显然太浪费 I/O 端口资源，为了解决这一问题，我们使用矩阵式键盘。

最常见的键盘布局如图 7-10 所示。一般由 16 个按键组成，在单片机中正好可以用一个 P 口实现 16 个按键功能，这也是在单片机系统中最常用的形式，本设计就采用这个键盘模式，如图 7-10 所示。

2. 系统主要硬件电路设计

1）单片机控制系统原理

单片机控制系统原理框图如图 7-11 所示。

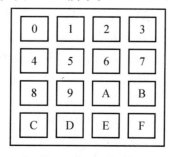

图 7-10　键盘布局

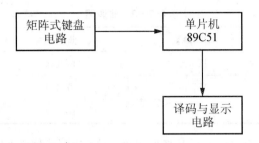

图 7 - 11   单片机控制系统原理框图

2）单片机主机系统电路

单片机主机系统图如图 7 - 12 所示。

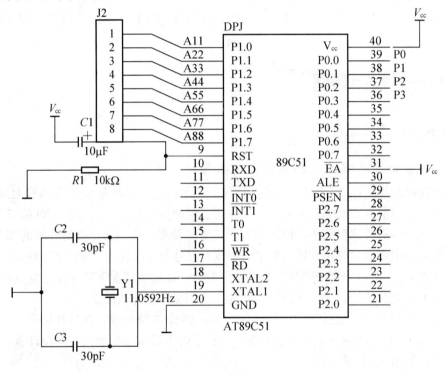

图 7 - 12   单片机主机系统图

（1）时钟电路。时钟信号用来提供单片机片内各种微操作的时间基准，时钟信号通常用两种电路形式得到：内部振荡和外部振荡。AT89C51 单片机内部有 1 个用于构成振荡器的高增益反向放大器，引脚 XTAL1 和 XTAL2 分别是此放大器的输入端和输出端，由于采用内部方式时，电路简单，所得的时钟信号比较稳定，实际使用中常采用这种方式。图 7 - 12 所示，其外接晶体振荡器（简称晶振）或陶瓷谐振器就构成了内部振荡方式，片内高增益反向放大器与作为反馈元件的片外石英晶体或陶瓷谐振器一起可构成 1 个自激振荡器并产生振荡时钟脉冲。

图 7 - 12 中外接晶体及电容 C2 和 C3 构成并联谐振电路，它们起稳定振荡频率、快速起振的作用，其值为 30pF 左右，晶振频率选 11.0592MHz。

（2）复位电路。为了初始化单片机内部的某些特殊功能寄存器，必须利用复位电路，复位后可使 CPU 及系统各部件处于确定的初始状态，并从初始状态开始正常工作。

单片机的复位是靠外电路来实现的，在正常运行情况下，只要 RST 引脚上出现两个机器周期以上的高电平，即可引起系统复位，但如果 RST 引脚上持续为高电平，单片机就处于循环复位状态。复位后系统将输入/输出(1/0)端口寄存器置为 FFH，堆栈指针 SP 置为 07H，SBUF 内置为不定值，其余的寄存器全部清 0，内部 RAM 的状态不受复位的影响，在系统加电时 RAM 的内容是不定的。复位操作有两种情况，即加电复位和手动(开关)复位。本系统采用加电复位方式。图 7 - 23 中 $R1$ 和 $C1$ 组成加电复位电路，R 取值为 1kΩ，C 取值为 10pF。

3) 矩阵式键盘电路

AT89C51 单片机的并行口 P1 接 4×4 矩阵键盘，以 P1.0～P1.3 作为输入线，以 P1.4～P1.7 作为输出线；P1 口输出按键信息，在数码管上显示每个按键的"0～F"序号。实际电路图连接如图 7 - 13 所示。

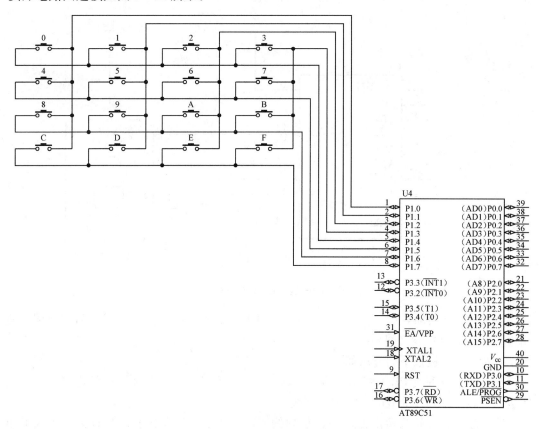

图 7 - 13　矩阵式键盘电路

4) 译码显示电路

译码电路中常用的显示器有 LED(数码管)和 LCD(液晶显示器)。这两种显示器都具有线路简单、耗电少、成本低、寿命长等优点。

本系统输出结果选用 1 个 LED 显示。数码管有共阴共阳之分，本系统采用 8 段共阴型 LED。

数码管内部有 8 个发光二极管，公共端由 8 个发光二极管的阴极并联而成，正常显示时公共端接低电平（GND），各发光二极管是否点亮取决于 a～dp 各引脚上是否是高电平。

LED 数码管的外形结构如图 5-4 所示，外部有 10 个引脚，其中 3、8 引脚为公共端、也称位选端，其余 8 个引脚称为段选端。当要使某一位数码管显示某一数字（0～9 中的 1 个）必须在这个数码管的段选端加上与显示数字对应的 8 位段选码（也称字形码），在位选端加上低电平即可。

由于系统要显示的内容比较简单，显示量不多，所以选用数码管既方便又经济。LED 有共阴极和共阳极两种。

二极管的阴极连接在一起，通常此共阴极接地，而共阳极则将发光二极管的阳极连接在一起，接入+5V 的电压。1 位显示器由 8 个发光二极管组成，其中 7 个发光二极管构成字型"8"的各个笔画（段）a～g，另一个小数点为 dp 发光二极管。当在某段发光二极管施加一定的正向电压时，该段笔画即亮；不加电压则暗。译码显示电路如图 7-14 所示。

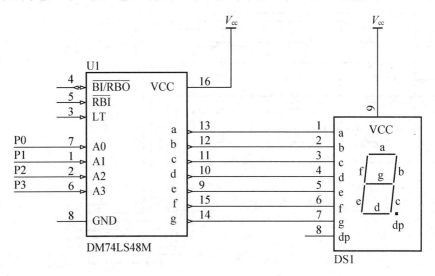

图 7-14　译码显示电路

当无按键闭合时，P1.0～P1.3 与 P1.4～P1.7 之间开路。当有键闭合时，与闭合键相连的两条 I/O 口线之间短路。

判断有无按键按下的方法如下。

第一步，置列线 P1.4～P1.7 为输入状态，从行线 P1.0～P1.3 输出低电平，读入列线数据，若某一列线为低电平，则该列线上有键闭合。

第二步，行线轮流输出低电平，从列线 P1.4～P1.7 读入数据，若有某一列为低电平，则对应行线上有键按下。

综合两步的结果，可确定按键编号。

但是键闭合一次只能进行一次键功能操作，因此必须等到按键释放后，再进行键功能操作，否则按一次键，有可能会连续多次进行同样的键操作。

由于本显示电路功能简单，为使编程简单，采用直接输出模式，即把 P0.0～P0.7 端口用 8 芯排线连接到数码显示模块区域中的 a～h 端口上，要求：P0.0 对应着 a，P0.1 对应着 b，……，P0.7 对应着 h。LED 显示段码见表 7 - 4。

表 7 - 4　LED 显示段码

字型	共阳极段	共阴极段	字型	共阳极段	共阴极段
0	C0H	3FH	6	82H	7DH
1	F9H	06H	7	F8H	07H
2	A4H	5BH	8	80H	7FH
3	B0H	4FH	9	90H	6FH
4	99H	66H	A	88H	77H
5	92H	6DH	B	83H	7CH
C	C6H	39H	F	84H	71H
D	A1H	5EH	空白	FFH	00H
E	86H	79H	P	8CH	73H

步骤二：绘制仿真电路图

系统硬件图如图 7 - 15 所示。

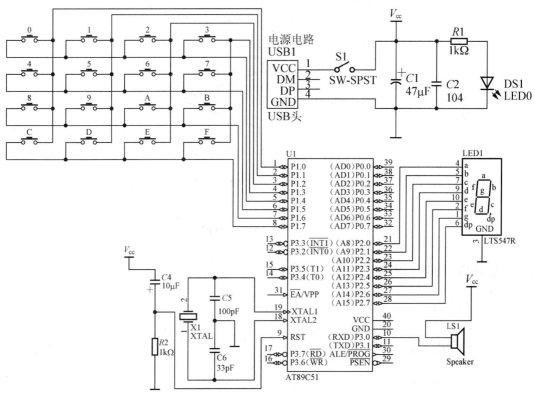

图 7 - 15　系统硬件图

步骤三：绘制程序流程图

软件设计流程图如图 7 - 16 所示。

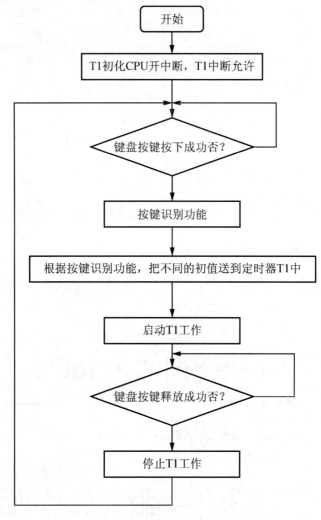

图 7 - 16　软件设计流程图

步骤四：编写程序

源代码如下：

```
COL    EQU   31H          ;存放列值
ROW    EQU   30H          ;存放行值
STH0   EQU   32H
STL0   EQU   33H
TEMP   EQU   34H
KEYBUF EQU   35H
ORG    0000H
```

```
        AJMP   MAIN1
        ORG    001BH            ;定时器1中断入口地址
        LJMP   INT_T1           ;跳转到真正的中断服务子程序上
        NOP
MAIN1:
        CALL   KEY              ;调用键盘扫描程序
        JC  MAIN1
        MOV    TMOD,♯10H         ;设置定时器1工作于方式1
        MOV    IE,♯88H           ;开放CPU中断和定时器1中断
        JMP    MAIN1
        ;定时器1中断服务子程序
INT_T1:
        CLR  TR1                ;停止定时器1
        CPL  P3.0               ;让蜂鸣器发声
        MOV  TH1,STH0            ;给定时器1送初值
        MOV  TL1,STL0            ;给定时器1送初值
        RETI                    ;中断返回
        ;键盘扫描子程序
KEY:
        MOV  DPTR,♯TABLE         ;键值表首地址送DPTR
        CLR  C                  ;清移位标志
        MOV  COL,♯00H            ;列值置0
        MOV  ROW,♯00H            ;行值置0
        ANL  P1,♯0FH             ;将按键所在的各行置低电平,用来判断是否有键按下
        MOV  A,P1               ;P1口状态送A
        CJNE A,♯0FH,JUDGE        ;判定是否有键按下,有则跳转到JUDGE,无键按下,调回继
续扫描
        LJMP KEY
        ;稳定的闭合确定该键按下
JUDGE:
        LCALL  DELAY            ;去抖动
        MOV  A,P1               ;按键状态再送A
        CJNE A,♯0FH,KEYDOWN      ;确实有键按下,跳到KEYDOWN,否则继续扫描
        LJMP KEY
        ;按键行扫描依次将第一到第四行置低,来判断是否是该行的按键按下
KEYDOWN:
        ORL  P1,♯0E0H            ;第1行
        MOV  A,P1               ;P1口状态送A
        CJNE A,♯0EFH,RDOWN;跳转则表示是该行,转求列值,否则继续判断下一行
        MOV  A,ROW              ;第2行
        ADD  A,♯04H             ;行值寄存器每扫描一行后加4
        MOV  ROW,A
        ORL  P1,♯0F0H
```

```
        ANL   P1，#0DFH

        MOV   A，P1

        ANL   A，#0FH

        CJNE  A，#0FH，RDOWN

        MOV   A，ROW                  ；第3行

        ADD   A，#04H

        MOV   ROW，A

        ORL   P1，#0F0H

        ANL   P1，#0BFH

        MOV   A，P1

        ANL   A，#0FH

        CJNE  A，#0FH，RDOWN

        MOV   A，ROW                  ；第4行

        ADD   A，#04H

        MOV   ROW，A

        ORL   P1，#0F0H

        ANL   P1，#0FH

        MOV   A，P1

        ANL   A，#0FH；

RDOWN：                              ；依次移位判断，每判断完一列列值加1

        MOV   A，P1

        RRC   A

        JNC   CDOWN

        INC   COL

        RRC   A

        JNC   CDOWN

        INC   COL

        RRC   A

        JNC   CDOWN

        INC   COL

        RRC   A

        JNC   CDOWN

CDOWN：                              ；行列相加，求出键值

        MOV   A，ROW

        ADD   A，COL

DESPLAY：；显示

        MOVC  A，@A+DPTR；查表取得键值

        MOV   P2，A；键值送P2口显示

        MOV   B，#2                   ；Table1以字保存，所以散转

        MUL   AB                      ；求乘积

        MOV   TEMP，A                  ；乘积放TEMP中

        MOV   DPTR，#TABLE1            ；DPTR指导TABLE1首址

        MOVC  A，@A+DPTR              ；查表取得定时初值高8位
```

```
MOV   STH0, A                      ;送入高字节
MOV   TH1, A                       ;送初值
INC   TEMP                         ;TEMP 加 1,
MOV   A, TEMP                      ;TEMP 送 A 中
MOVC  A, @A + DPTR 查表取得定时初值低 8 位
MOV   STL0, A                      ;送入低字节
MOV   TL1, A                       ;送初值
SETB  TR1                          ;启动定时器 T1
RET
DELAY:                             ;误差 0us；消除键抖动的延时子程序
MOV   R6, ♯0D7H
DL0: MOV   R5, ♯2DH
     DJNZ  R5, $
     DJNZ  R6, DL0
     NOP
     NOP
     RET
TABLE: DB   3FH, 06H, 5BH, 4FH, 66H, 6DH, 7DH, 07H
       DB   7FH, 6FH, 77H, 7CH, 39H, 5EH, 79H, 71H
TABLE1: DW  64021, 64103, 64260, 64400
        DW  64524, 64580, 64684, 64777
        DW  64820, 64898, 64968, 65030
        DW  65058, 65110, 65157, 65178
END
```

步骤五：Proteus 仿真，调试程序

调试步骤：建源码文件，加载到系统，选择微控制器及汇编器，将源码经汇编器汇编产生的目标代码加载到微控制器中，启动仿真进行源码调试。此时用的汇编语言，直接使用 Proteus 自带的编译器即可。

步骤六：焊接电路

焊接对焊点的要求：电连接性能良好；有一定的机械强度；光滑圆润。

步骤七：下载程序，验证结果

通过搭建的硬件电路，观察实际电路能否正常工作。

质量评价标准

项目质量考核要求及评分标准见表 7-5。

表 7-5　质量评价表

考核项目	考核要求	配分	评分标准	扣分	得分	备注
程序设计	1. 键盘程序设计、发音程序设计	20	1. 输入/输出地址遗漏或写错，每处扣2分 2. 指令不正确，每处扣2分 3. 不会调用提供的延时，每条扣2分			
系统焊接	1. 会安装元件 2. 按图完整、正确及规范焊接 3. 按照要求编号	30	1. 元件松动扣2分，损坏一处扣4分 2. 虚焊每处扣2分 3. 焊接错误，每处扣1分			
编程操作	1. 会建立程序新文件 2. 正确烧写程序 3. 正确保存文件	20	1. 不能建立程序新文件或建立错误扣4分 2. 烧写程序不正确扣2分			
运行操作	1. 操作运行系统，分析运行结果	20	1. 系统通电操作错误一步扣3分 2. 运行结果描述不对扣2分 3. 仿真结果不正确扣5分 4. 验证电子琴逻辑不正确扣10分			
安全生产	自觉遵守安全文明生产规程	10	1. 每违反一项规定，扣3分 2. 发生安全事故，0分处理 3. 漏接接地线一处扣5分			
时间	2小时		提前正确完成，每5分钟加2分 超过定额时间，每5分钟扣2分			

开始时间：		结束时间：		实际时间：	

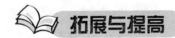 拓展与提高

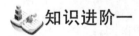 知识进阶一

单片机程序存储器扩展

89C51单片机中已经集成了CPU、I/O口、定时器、中断系统、存储器等计算机的基本部件(即系统资源)，使用非常方便，应用于小型控制系统已经足够了。但要构成较为复杂的应用系统，有时会感到以上资源中的一种或几种不够用，这就需要在89C51芯片外再扩展相应的芯片或电路，使相关功能得以扩充，称为系统扩展(即系统资源的扩充)。

存储器是用来存放程序和数据的，它由专用的存储芯片构成。89C51单片机的程序存储器和数据存储器相互独立，均为64KB，其控制信号也各自独立。

存储器扩展的内容包括：存储器的地址线与单片机的地址线间的连接，相应数据线间的连接和控制线间的连接等。

存储器的分类方法如下。

如果按存储器所处位置不同划分，可分为片内存储器和片外存储器；根据用途不同划分，可分为程序存储器和数据存储器；按照存取方式和使用功能不同划分，可分为随机存取存储器和只读存储器。

扩展程序存储器一般采用断电信息不丢失的 ROM 类芯片，如 EPROM 和 EEPROM；扩展数据存储器一般采用 RAM 类芯片，如静态 RAM 6116、6264、62256 等。

下面介绍 2816 芯片与单片机接口。

目前扩展存储器以 EEPROM 的使用最为普遍，它既能用作程序存储器，又能用作数据存储器。常用的 EEPROM 芯片主要有 Intel 2816(图 7 - 17)、2864A 等。

1. 2816 引脚功能

(1) 10～A0：地址线，共 11 根，2K×8 位。

(2) D0～D7：8 位数据线。

(3) CE：片选信号线。

(4) WE、写信号线，低电平有效。

(5) OE：读信号线，低电平有效。

(6) VCC、GND：+5V 电源、地线。

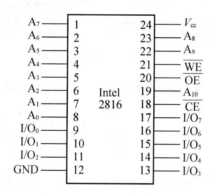

图 7 - 17　Intel 2816 的引脚

2. 单片 2816 的扩展

单片 2816 扩展电路图如图 7 - 18 所示。

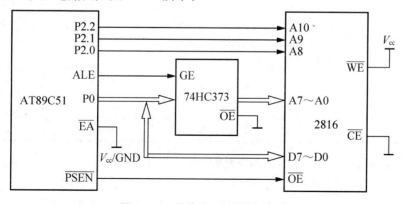

图 7 - 18　单片 2816 扩展电路图

3. 多片 2816 的扩展方法

AT89C51 单片机扩展多片 2816(图 7 - 19)时的地址、数据总线与扩展单片类似，所不同的主要是片选信号线的接法不同。通常有线选法和译码法两种。

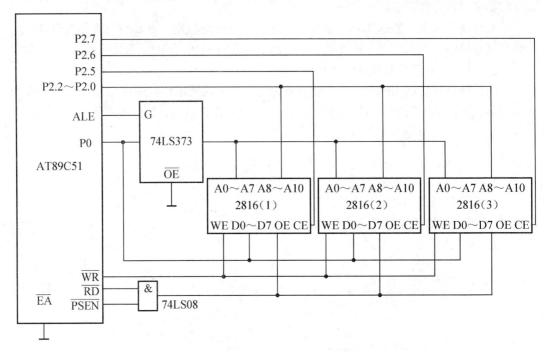

图 7 - 19　线选法多片 2816 程序存储器扩展连接图

1) 线选法

每片 28C16 的片选信号线 CE 分别由单片机的一根地址线控制。线选法是最简单也最常用的一种方法。

其特点：扩展 28C16 数量较少，地址范围不连续且可能重叠，但电路简单成本低。芯片地址范围的确定见表 7 - 6。

表 7 - 6　芯片地址范围的确定

芯片	A15	A14	A13	A12	A11	A10~A0	地址范围
28C16(1)	1	1	0	×	×	0~0	C000H~C7FFH
	1	1	0	×	×	1~1	
28C16(2)	1	0	1	×	×	0~0	A000H~A7FFH
	1	0	1	×	×	1~1	
28C16(3)	0	1	1	×	×	0~0	6000H~67FFH
	0	1	1	×	×	1~1	

注："×"表示任意，可为 0 或 1，一般作为 0 处理。

2) 译码法

单片机的地址线经译码后分别连接至每片 2816 的片选信号线。译码法多片 2816 程序存储器扩展连接图如图 7-20 所示。

其特点是：连接芯片数量较多，地址连续，全译码法且地址无重叠，但电路复杂成本高。

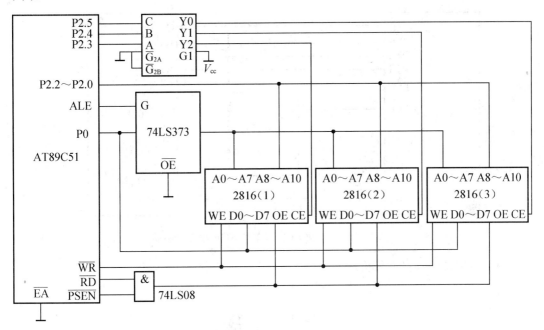

图 7-20　译码法多片 2816 程序存储器扩展连接图

根据片选线及地址线的连接，多片 2816 的地址范围确定见表 7-7。

表 7-7　多片 2816 程序存储器扩展地址范围

芯片	A15	A14	A13	A12	A11	A10～A0	地址范围
2816(1)	×	×	0	1	0	0～0	1000H～17FFH
	×	×	0	1	0	1～1	
2816(2)	×	×	0	0	1	0～0	0800H～0FFFH
	×	×	0	0	1	1～1	
2816(3)	×	×	0	0	0	0～0	0000H～07FFH
	×	×	0	0	0	1～1	

注："×"表示任意，可为 0 或 1，一般作为 0 处理

知识进阶二

单片机数据存储器扩展

数据存储器的扩展方法与程序存储器扩展方法类似，主要在于控制线连接的不同。程序存储器的读信号线由单片机的 PSEN 引脚控制，而数据存储器的读写信号线分别由单

片机的 RD、WR 引脚控制。

如果系统只扩展一片数据存储器，该存储器的片选信号线 CE 可以直接接地；如果扩展多片，则也有线选法与译码法两种连接方法。线选法、译码法与程序存储器的扩展相同，所不同的只是在读写控制信号线的连接上。AT89C51 扩展单片 6116 数据存储器如图 7-21所示。

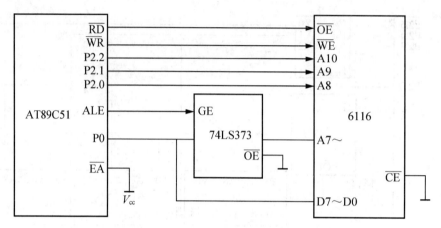

图 7-21　AT89C51 扩展单片 6116 数据存储器

地址范围请读者自行分析。

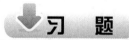

一、选择题

1. 一个 EPROM 的地址有 A0～A11 引脚，它的容量为（　　）。

A. 2KB　　　　B. 4KB　　　　C. 11KB　　　　D. 12KB

2. 共阴极 LED 数码管显示字符"2"的段码是（　　）。

A. 02H　　　　B. FEH　　　　C. 5BH　　　　D. A4H

3. 在存储器扩展电路中 74LS373 的主要功能是（　　）。

A. 存储数据　　B. 存储地址　　C. 锁存数据　　D. 锁存地址

4. 下列芯片中其功能为可编程控制的接口芯片是（　　）。

A. 373　　　　B. 2114　　　　C. 2716　　　　D. 8155

5. 在用接口传信息时，如果用一帧来表示一个字符，且每一帧中有一个起始位、一个结束位和若干个数据位，该传送属于（　　）。

A. 串行传送　　B. 并行传送　　C. 同步传送　　D. 异步传送

二、填空题

1. 在接口电路中，把已经编址并能进行读写操作的寄存器称之为_____。

2. 从单片机的角度上看，连接到数据总线上的输出口应具有_____功能，连接到数据总线上的输入口应具有_____功能。

3. 在三态缓冲电路中，除了数据输入线和数据输出线外，还应当有一个_____信号线。

4. 在 AT89C51 单片机系统中，采用的编址方式是＿＿＿＿＿＿＿＿＿。

5. 在单片机中，为实现数据的 /IO 传送，可使用 3 种控制方式：即：＿＿＿＿＿方式、＿＿＿＿＿＿方式＿＿＿＿＿＿方式。

三、判断题

1. AT89C51 单片机程序存储器操作时序中，在不执行 MOVX 指令时，P0 口作为地址线，专用于输出程序存储器的高 8 位地址 PCL；P2 口专用于输出程序存储器的低 8 位地址 PCH。　　　　　　　　　　　　　　　　　　　　　　　　　（　　　）

2. AGND 代表模拟信号和基准电源的参考地，称模拟地。　　　　　　　（　　　）

3. 对于 8031 单片机而言，在外部扩展 EPROM 时，$\overline{EA}$ 引脚应接地。　　（　　　）

4. DGND 表示数字地，为工作电源地和数字逻辑地。　　　　　　　　　（　　　）

5. 8155 芯片的 AD0～AD7：地址/数据线，是低 8 位地址和数据复用线引脚，当 ALE＝1 时，输入的是数据信息，否则是地址信息。　　　　　　　　　（　　　）

四、简答题

1. 以图 7-22 所示 8031 单片机为核心，对其扩展 16KB 的程序存储器，画出硬件电路并给出存储器的地址分配表。

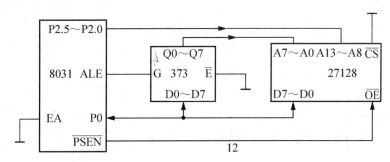

图 7-22　简答题 1 题图

2. 采用统一编址的方法对图 7-23 所示的 8031 单片机进行存储器扩展。要求用一片 2764、一 2864 和一片 6264，扩展后存储器的地址应连续，试给出电路图及地址分配表。

3. 用图 7-24 所示的 8255A 扩展并行 I/O 口，其中 A 口输入，B 口输出，画出电路连接图，并给出 8255A 的初始化程序。

4. 用图 7-25 所示用 8255A 扩展电路设计 4 路抢答器。要求 A 口输入四路抢答信号，B 口输出四路抢答指示(用 LED 发光二极管)和声音提示。

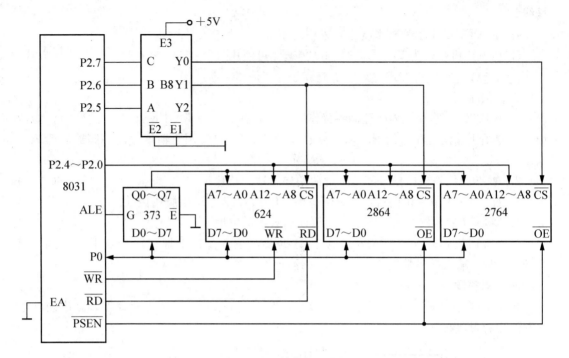

图 7 - 23　简答题 2 题图

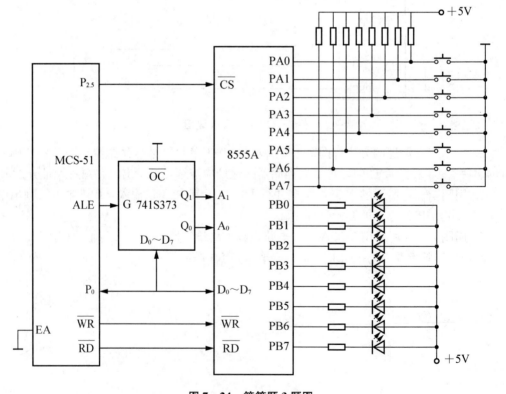

图 7 - 24　简答题 3 题图

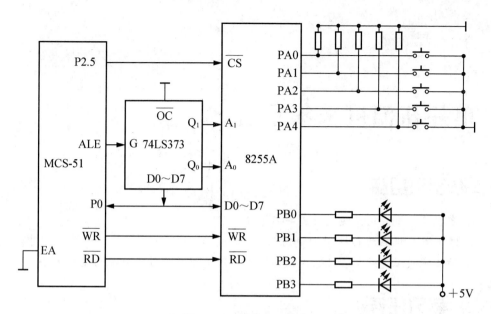

图 7 - 25　简答题 4 题图

项目**8**

单片机温度采集系统

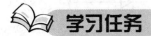 学习目标

1. 掌握单片机应用系统设计的一般方法。
2. 掌握单片机驱动 DS18B20 的方法。
3. 独立完成温度采集设计、调试与监控,理解单片机最小系统的设计方法。

学习任务

8.1 项目任务

本项目的任务是利用单片机驱动温度传感器对现场的温度参数进行采集,并将采集来的湿度送液晶屏进行显示。控制器使用单片机 AT89C51,测温传感器使用 DS18B20,用 3 位共阳极 LED 数码管以串口方式传送数据,实现温度显示。

任务要求

(1) 可以任意设定温度的上下限报警功能。
(2) 用 4 只 LED 数码管来显示当前温度。

系统设计框图如图 8-1 所示。

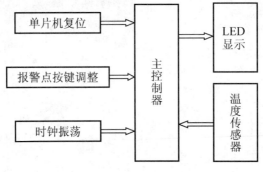

图 8-1 系统设计框图

8.2 任务流程图

本项目的具体学习过程如图 8 - 2 所示。

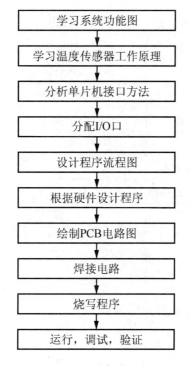

图 8 - 2 任务流程图

环境设备

学习所需工具、设备见表 8 - 1。

表 8 - 1 工具、设备清单

序号	分类	名称	型号规格	数量	单位	备注
1		万用表		1	块	
2		电烙铁		1	只	
3		焊锡丝		若干	米	
4	工具	直流稳压电源		1	台	
5		编程烧写器		1	台	
6		导线		若干	条	
7		万用板		1	块	

续表

序号	分类	名称	型号规格	数量	单位	备注
1	电子元器件	IC 芯片	AT89C51	1	片	
2		瓷片电容	33pF	1	只	
3		瓷片电容	100pF	1	只	
4		瓷片电容	104pF	1	只	
5		晶振	12MHz	1	只	
6		电解电容	$10\mu F/25V$	1	只	
7		电解电容	$47\mu f/25V$	1	只	
8		电阻	$1k\Omega$	10	只	
9		发光二极管		1V 只		
10		USB 公对公头连接线		1	条	
11		USB 母座	4 脚	1	只	
12		40 脚普通 IC 插座		1	只	
13		单刀开关		1	只	
14		轻触微动开关		16	只	
15		4 位一体共阴数码管		1	只	
16		三极管	9013	4	只	
17		温度传感器	DS18B20	1	只	

 **背景知识**

8.3 单线数字温度传感器 DS18B20

DS18B20 温度传感器是美国 DALLAS 公司生产的一种改进型的智能温度传感器，与传统的热敏电阻等测温元件相比，它具有结构简单，能直接读出被测温度，采用一根 I/O 数据线，既可供电又可传输数据，并可由用户设置温度报警界限等特点，并且可根据实际要求通过简单的编程实现 9～12 位的数字值读数方式。DS18B20 的性能特点如下。

（1）独特的单线接口仅需要 1 个端口引脚进行通信。

（2）多个 DS18B20 可以并联在唯一的三线上，实现多点组网功能。

（3）无须外部器件。

（4）可通过数据线供电，电压范围为 3.0～5.5V。

（5）零待机功耗。

（6）温度以 9 或 12 位数字表示。

（7）用户可定义报警设置。

（8）报警搜索命令识别并标志超过程序限定温度（温度报警条件）的器件。

（9）负电压特性，当电源极性接反时，温度计不会因发热而烧毁，但不能正常工作。

DS18B20 采用 3 脚 PR-35 封装或 8 脚 SOIC 封装，其内部结构如图 8-3 所示。

（1）64 位光刻 ROM 的结构如图 8-4 所示。

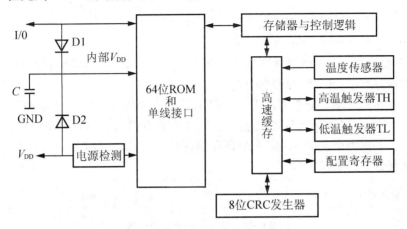

图 8-3　DS18B20 内部结构图

8B 检验 CRC	48 序列号	8b 工厂代码（10H）
MSB　　　　　　LSB	MSB　　　　　　LSB	MSB　　　　　　LSB

图 8-4　84 位光刻 ROM 的结构

开始 8 位是产品类型的编号，接着是每个器件的唯一序号，共有 48 位，最后 8 位是前 56 位的 CRC 校验码，这也是多个 DS18B20 可以采用一线进行通信的原因。

（2）非易失性温度报警触发器 TH 和 TL，可通过软件写入用户报警上下限。

（3）高速暂存存储器。DS18B20 温度传感器的内部存储器包括一个高速暂存 SRAM 和一个非易失性的可电擦除的 E2PROM。后者用于存储 TH、TL 值。数据先写入 SRAM，经校验后再传给 E2PROM。而配置寄存器为高速暂存器中的第 5 个字节，其内容用于确定温度值的数字转换分辨率，DS18B20 工作时按此寄存器中的分辨率温度转换为相应精度的数值。该字节各位的定义如图 8-5 所示。

TM	R1	R0	1	1	1	1	1

图 8-5　高速暂存器第 5 个字节各位的定义

低 5 位一直都是 1，TM 是测试模式位，用于设置 DS18B20 在工作模式还是在测试模式。在 DS18B20 出厂时该位被设置为 0，用户无须改动。R1 和 R0 决定温度转换的精度位数，即设置分辨率，见表 8-2（DS18B20 出厂时被置为 12 位）。

表 8-2 R1 和 R0 模式表

R1	R0	分辨率/位	温度最大转换时间/ms
0	0	9	93.75
0	1	10	187.5
1	0	11	275.00
1	1	12	750.00

由表 8-2 可知，设定的分辨率越高，所需要的温度数据转换时间就越长。因此在实际应用中要在分辨率和转换时间之间权衡考虑。

高速暂存存储器除了配置寄存器外，还有其他 8 个寄存器，其分配如图 8-6 所示。其中，第 1、2 个寄存器存储温度信息，第 3、4 个寄存器存储 TH 和 TL 值，第 6~8 个寄存器未用，表现为全逻辑 1；第 9 个寄存器存储的是前面所有 8 个寄存器内容的 CRC 码，可用来保证通信正确。

温度低位	温度高位	TH	TL	配置	保留	保留	保留	8 位 CRC

图 8-6 其他 8 个寄存器配置

当 DS18B20 接收到温度转换命令后，开始启动转换。转换完成后的温度值就以 16 位带符号扩展的二进制补码形式存储在高速暂存存储器的第 1、2 个寄存器。单片机可通过单线接口读到该数据，读取时低位在前，高位在后，数据格式以 0.0625℃/LSB 形式表示。温度值格式如图 8-7 所示。

2^3	2^2	2^1	2^0	2^{-1}	2^{-2}	2^{-3}	2^{-4}

MSB   LSB

S	S	S	S	S	2^6	2^5	2^4

MSB   LSB

图 8-7 温度值数据格式

对应的温度计算：当符号位 S 为 0 时，直接将二进制位转换为二进制；当 S 为 1 时，先将补码变换为原码，再计算二进制值。对应的一部分温度值见表 8-3 所示。

表 8-3 部分温度值

温度/℃	二进制表示	十六进制表示
+125	00000111 11010000	07D0H
+25.0625	00000001 10010001	0191H
+0.5	00000000 00001000	0008H
0	00000000 00000000	0000H
-0.5	11111111 11111000	FFF8H
-25.0625	11111110 01101111	FE6FH
-55	11111100 10010000	FC90H

在 DS18B20 完成温度转换后，就把测得的温度值与 TH、TL 做比较，若 T＞TH 或 T＜TL，则将该器件内的告警标志置位，并对主机发出的告警搜索命令做出响应。因此，可用多只 DS18B20 同时测量温度并进行告警搜索。

（4）CRC 的产生。在 64BROM 的最高有效字节中存储有循环冗余校验码（CRC）。主机根据 ROM 的前 56 位来计算 CRC 值，并和存入 DS18B20 中的 CRC 值做比较，以判断主机收到的 ROM 数据是否正确。

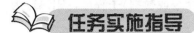

步骤一：工作原理

1. DS18B20 的测温原理

DS18B20 的测温原理如图 8-8 所示。图中低温系数振荡器的振荡频率受温度影响很小，用于产生固定频率的脉冲信号送给减法计数器 1，高温度系数振荡器晶振随温度变化振荡频率明显改变，所产生的信号作为减法计数器 2 的脉冲输入。图中还隐含计数门，当计数门打开时，DS18B20 就对低温度系数振荡器产生的时钟脉冲进行计数，进而完成温度测量。计数门的开启时间由高温度系数振荡器来决定，在每次测量前，首先将－55℃所对应的基数分别置入减法计数器 1 和温度寄存器中，减法计数器 1 和温度寄存器被预置为－55℃所对应的一个基数值。减法计数器 1 对低温度系数振荡器晶振产生的脉冲信号进行减法计数，当减法计数器 1 的预置值减到 0 时，温度寄存器的值将加 1，减法计数器 1 的预置将重新被装入，减法计数器 1 重新开始对低温度系数振荡器晶振产生的脉冲信号进行计数。如此循环，直到减法计数器 2 计数到 0 时，停止温度寄存器的累加，此时温度寄存器中的数值即为所测温度。图 8-8 中的斜率累加器用于补偿和修正测温过程中的非线性，其输出用于修正减法计数器的预置值，只要计数门仍未关闭就重复上述过程，直至温度寄存器值达到被测温度值。这就是 DS18B20 的测温原理。

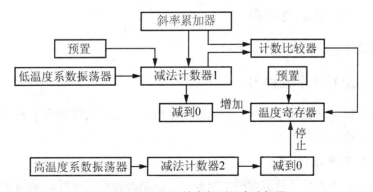

图 8-8　DS18B20 的内部测温电路框图

另外，由于 DS18B20 单线通信功能是分时完成的，且有严格的时隙概念，因此读写时序很重要。系统对 DS18B20 的各种操作必须按协议进行。操作协议为初始化 DS18B20（发复位脉冲）→发存储器操作命令→处理数据。

2. DS18B20 与单片机的典型接口设计

图 8-9 所示为典型接口设计，P1.1 口接单线总线。当 DS18B20 处于写存储器操作和温度 A/D 变换操作时，为保证在有效的 DS18B20 时钟周期内提供足够的电流，需要在数据线上加一个 4.7kΩ 的上拉电阻，另外两个脚分别接电源和地。主机在控制 DS18B20 完成温度转换时必须经过 3 个步骤：初始化、ROM 操作指令、存储器操作指令。假设单片机系统所用的晶振频率为 12MHz，根据 DS18B20 的初始化时序、写时序和读时序，分别编写 3 个子程序：INIT 为初始化程序，WRITE 为写（命令或数据）子程序，READ 为读数据子程序，所有的数据读写均由最低位开始。

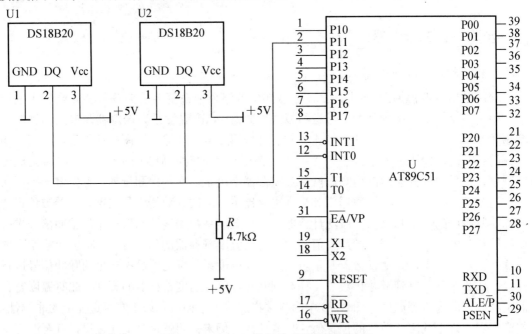

图 8-9　DS18B20 与微处理器的典型连接

步骤二：绘制仿真电路图

系统整体硬件电路如图 8-10 所示。

步骤三：绘制程序流程图

系统程序主要包括系统主程序、读出温度子程序、温度转换命令子程序、计算温度子程序、显示数据刷新子程序等。

1. 系统主程序设计

主程序的主要功能是负责温度的实时显示、读出并处理 DS18B20 测量的当前温度值，温度测量每 1s 进行一次。这样可以在 1s 之内测量一次被测温度，其程序流程如图 8-11 所示。

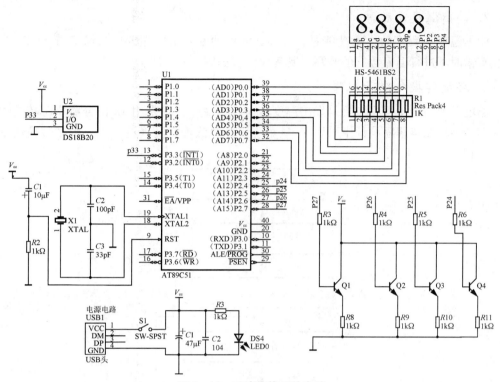

图 8-10　系统整体硬件电路

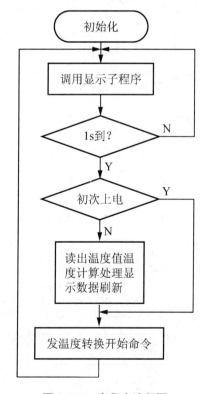

图 8-11　主程序流程图

2. 读出温度子程序

读出温度子程序的主要功能是读出 RAM 中的 9 字节，在读出时需进行 CRC 校验，校验有错时不进行温度数据的改写。其程序流程如图 8 - 12 所示。

3. 温度转换命令子程序

温度转换命令子程序主要是发出温度转换开始命令，当采用 12 位分辨率时转换时间约为 750ms，在本程序设计中采用 1s 显示程序延时法等待转换的完成。温度转换命令子程序流程如图 8 - 13 所示。

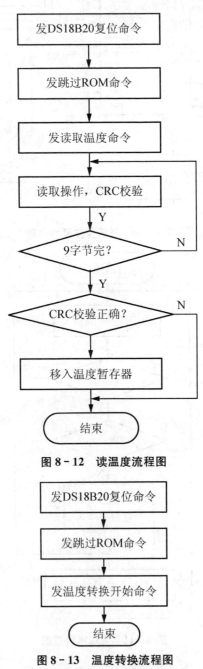

图 8 - 12　读温度流程图

图 8 - 13　温度转换流程图

4. 计算温度子程序

计算温度子程序将 RAM 中读取值进行 BCD 码的转换运算，并进行温度值正负的判定，其程序流程如图 8-14 所示。

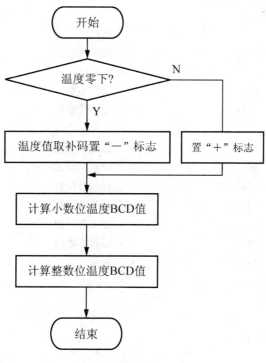

图 8-14 计算温度流程图

5. 显示数据刷新子程序

显示数据刷新子程序主要是对显示缓冲器中的显示数据进行刷新操作，当最高显示位为 0 时将符号显示位移入下一位。程序流程如图 8-15 所示。

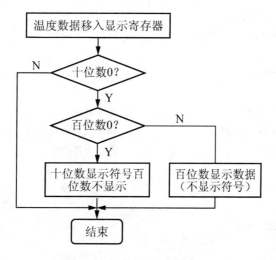

图 8-15 显示数据刷新流程图

步骤四：编写程序

源程序如下：

```
DATA_BUS BITP3.3
FLAG BIT00H                      ; 标志位
TEMP_L EQU 30H                   ; 温度值低字节
TEMP_H EQU 31H                   ; 温度值高字节
TEMP_DP EQU 32H                  ; 温度小数
TEMP_INT EQU 33H                 ; 温度值整数
TEMP_BAI EQU 34H                 ; 温度百位数
TEMP_SHI EQU 35H                 ; 温度十位数
TEMP_GE EQU 36H                  ; 温度个位数
DIS_BAI EQU 37H                  ; 显示百位数
DIS_SHI EQU 38H                  ; 显示十位数
DIS_GE EQU 39H                   ; 显示个位数
DIS_DP EQU 3AH                   ; 显示小数位
DIS_ADD EQU 3BH                  ; 显示地址
ORG 0000H
AJMP START
ORG 0050H                        ; 初始化
START: MOV SP, #40H
; 主程序开始
MAIN: LCALL READ_TEMP            ; 调用读温度程序
      LCALL PROCESS              ; 调用数据处理程序
      AJMP MAIN
; 读温度程序
READ_TEMP:
    LCALL RESET_PULSE            ; 调用复位脉冲程序
    MOV A, #0CCH                 ; 跳过 ROM 命令
    LCALL WRITE
    MOV A, #44H                  ; 读温度
    LCALL WRITE
    LCALL DISPLAY                ; 显示温度
    LCALL RESET_PULSE            ; 调用复位脉冲程序
    MOV A, #0CCH                 ; 跳过 ROM 命令
    LCALL WRITE
    MOV A, #0BEH                 ; 读缓存命令
    LCALL WRITE
    LCALL READ
    RET
; 复位脉冲程序
RESET_PULSE:
```

```
RESET：SETB   DATA _ BUS              ；释放总线
      NOP
      NOP
      CLR   DATA _ BUS              ；发出复位脉冲，总线低电平持续 480us，便可以
      复位
      MOV   R7，＃255              ；计数 255 次
      DJNZ  R7，$
      SETB  DATA _ BUS              ；释放总线
      MOV   R7，＃30               ；延时，等待释放总线
      DJNZ  R7，$
      JNB   DATA _ BUS，SETB _ FLAG  ；若总线释放，跳转到 SETB _ FLAG
      CLR   FLAG
      AJMP  NEXT
SETB _ FLAG：
      SETBFLAG                      ；置标志
NEXT：MOV  R7，＃120
      DJNZ  R7，$
      SETB  DATA _ BUS              ；释放总线
      JNB   FLAG，RESET             ；复位未成功，继续复位
      RET
；写命令
WRITE：SETB   DATA _ BUS；释放总线
      MOV   R6，＃8               ；写入 DS18B20 的字节数，一个字节 8 个 bit
      CLR   C                      ；清标志位
WRITING：
      CLRDATA _ BUS                 ；开始写入 DS18B20 总线要处于复位(低)状态
      MOV   R7，＃5                ；DS18B20 总线复位保持 10μs
      DJNZ  R7，$
      RRC   A；把一个字节 data(A)分成 8 个 bit 环移给 C
      MOV   DATA _ BUS，C           ；写指令第 1bit 送上总线
      MOV   R7，＃30H
      DJNZ  R7，$                  ；等待 96μs
      SETB  DATA _ BUS              ；释放总线
      NOP
      DJNZ  R6，WRITING；连续写入 8bit
      RET
；循环显示段位
DISPLAY：MOV  R4，＃200
DIS _ LOOP：
      MOV   A，DIS _ DP             ；显示小数位
      MOV   P2，＃0FFH             ；关闭所有数码管
      MOV   P0，A                  ；小数位段码送 P0 口
      CLR   P2.7                   ；位选，最低位数码管亮
```

```
        LCALL   DELAY-2MS               ; 亮保持 2ms
        MOV  A, DIS_GE                  ; 显示个位数
        MOV  P2, ♯0FFH                  ; 关闭所有数码管
        MOV  P0, A                      ; 个位数段码送 P0 口
        SETB  P0.7                      ; 让小数点显示
        CLR  P2.6                       ; 从右至左，第 2 个数码管亮
        LCALL   DELAY-2MS; 亮保持 2ms
        MOV  A, DIS_SHI; 显示十位数
        MOV  P2, ♯0FFH                  ; 关闭所有数码管
        MOV  P0, A                      ; 十位数段玛送 P0 口
        CLR  P2.5                       ; 从右至左，第 3 个数码管亮
        LCALL   DELAY-2MS; 亮保持 2ms
        MOV  A, DIS_BAI                 ; 显示百位数
          MOV  P2, ♯0FFH               ; 关闭所有数码管
          MOV  P0, A                   ; 百位数段码送 P0
        MOV  A, TEMP_BAI                ; 温度百位数送 A
        CJNE  A, ♯0, SKIP               ; 百位数有则跳到 SKIP 显示，否则不显示
        AJMP  NEXTT
SKIP: CLR  P2.4; 从右至左，第 4 个数码管亮
          LCALL   DELAY-2MS            ; 亮保持 2ms
NEXTT: NOP
        DJNZ  R4, DIS_LOOP             ; 循环显示 200 次
        RET
; 读命令
READ: SETB  DATA_BUS
        MOV  R0, ♯TEMP_L
        MOV  R6, ♯8
        MOV  R5, ♯2
        CLR  C
; 读时间间隙
READING:
        CLR  DATA_BUS                   ; 读前总线总是保持为低
        NOP                             ; 1μs
        NOP                             ; 1μs
        SETB  DATA_BUS                  ; 开始读，释放总线
        NOP                             ; 1μs
        NOP                             ; 1μs
        NOP                             ; 1μs
        NOP                             ; 1μs
        MOV  C, DATA_BUS                ; 从 DS18B20 读得一个 BIT, DATA_BUS 送 C
        RRC  A                          ; 把读得的值送给 A
        MOV  R7, ♯30H
```

```
        DJNZ  R7，$；持续 96μs
        SETB  DATA_BUS；重新释放总线
        DJNZ  R6，READING；读下一个 bit
        MOV   @R0，A
        INC   R0
        MOV   R6，#8；8 位读完？
        SETB  DATA_BUS                      ；重新释放总线
        DJNZ  R5，READING
        RET
; 数据处理
PROCESS：
        MOV   R7，TEMP_L                    ；温度值低字节送 R7
        MOV   A，#0FH                       ；准备取得温度值低字节低 4 位
        ANL   A，R7                         ；取得温度值低字节低 4 位
        MOV   TEMP_DP，A                     ；作为小数位
        MOV   R7，TEMP_L                    ；温度值低字节送 R7
        MOV   A，#0F0H                      ；准备取得温度值低字节高 4 位
        ANL   A，R7；取得温度值低字节高 4 位
        SWAP  A                             ；温度值低字节高 4 位作为 A 的低 4 位值
        MOV   TEMP_L，A                      ；回送温度值低字节单元
        MOV   R7，TEMP_H                    ；温度值高字节送 R7
        MOV   A，#0FH                       ；准备取得温度值高字节低 4 位
        ANL   A，R7                         ；取得温度值高字节低 4 位
        SWAP  A                             ；A 高低 4 位互换
        ORL   A，TEMP_L                      ；温度值低字节与温度值高字节相或
        MOV   B，#64H                       ；B 送数 100
        DIV   AB                            ；分离出百位
        MOV   TEMP_BAI，A                    ；送温度百位数单元
        MOV   A，#0AH                       ；A 送 10
        XCH   A，B                          ；A、B 内容互换
        DIV   AB                            ；分离出十位和个位
        MOV   TEMP_SHI，A                    ；十位送温度十位数单元
        MOV   TEMP_GE，B                     ；个位送温度个位数单元
        MOV   A，TEMP_DP                     ；温度小数送 A
        MOV   DPTR，#TABLE_DP                ；DPTR 取得表首址 TABLE_DP
        MOVC  A，@A+DPTR                     ；查表求温度小数值
        MOV   DPTR，#TABLE_INTER             ；DPTR 取得表首址 TABLE_INTER
        MOVC  A，@A+DPTR                     ；查表求温度小数的共阴极段码值
        MOV   DIS_DP，A                      ；送显示小数位单元
        MOV   A，TEMP_GE                     ；温度个位数送 A
        MOV   DPTR，#TABLE_INTER             ；DPTR 取得表首址 TABLE_INTER
        MOVC  A，@A+DPTR                     ；查表求温度个位数的共阴极段码值
        MOV   DIS_GE，A                      ；送显示各位数单元
```

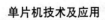

```
        MOV   A, TEMP_SHI            ; 温度个位数送 A
        MOV   DPTR, #TABLE_INTER     ; DPTR 取得表首址 TABLE_INTER
        MOVC  A, @A+DPTR             ; 查表求温度十位数的共阴极段码值
        MOV   DIS_SHI, A             ; 送显示十位数单元
        MOV   A, TEMP_BAI            ; 温度百位数送 A
        MOV   DPTR, #TABLE_INTER     ; DPTR 取得表首址 TABLE_INTER
        MOVC  A, @A+DPTR             ; 查表求温度百位数的共阴极段码值
        MOV   DIS_BAI, A             ; 送显示百位数单元
        RET
; 延时 2ms 程序
DELAY2MS:
        MOVR6, #3
LOOP3: MOV   R5, #250
        DJNZ  R5, $
        DJNZ  R6, LOOP3
        RET
TABLE_DP:
        DB  00H, 01H, 01H, 02H, 03H, 03H, 04H, 04H, 05H, 06H
        DB  06H, 07H, 08H, 08H, 09H, 09H
TABLE_INTER:
        DB  03FH, 006H, 05BH, 04FH, 066H
        DB  06DH, 07DH, 07H, 07FH, 06FH
        END
```

步骤五：Proteus 仿真，调试程序

调试步骤：建源码文件、加载到系统，选择微控制器及汇编器，将源码经汇编器汇编产生的目标代码加载到微控制器中，启动仿真进行源码调试。此时用的汇编语言，直接使用 Proteus 自带的编译器即可。

步骤六：焊接电路

对焊点的要求：电连接性能良好；有一定的机械强度；光滑圆润。

步骤七：下载程序，验证结果

通过搭建的硬件电路，观察实际电路能否正常工作。

质量评价标准

项目质量考核要求及评分标准见表 8-4。

表 8-4　质量评价表

考核项目	考核要求	配分	评分标准	扣分	得分	备注
程序设计	1. 温度采集程序设计、显示程序程序设计	20	1. 输入/输出地址遗漏或写错，每处扣 2 分 2. 指令不正确，每处扣 2 分 3. 不会调用提供的延时，每条扣 2 分			
系统焊接	1. 会安装元件 2. 按图完整、正确及规范焊接 3. 按照要求编号	30	1. 元件松动扣 2 分，损坏一处扣 4 分 2. 虚焊每处扣 2 分 3. 焊接错误，每处扣 1 分			
编程操作	1. 会建立程序新文件 2. 正确烧写程序 3. 正确保存文件	20	1. 不能建立程序新文件或建立错误扣 4 分 2. 烧写程序不正确扣 2 分			
运行操作	1. 操作运行系统，分析运行结果	20	1. 系统通电操作错误一步扣 3 分 2. 运行结果描述不对扣 2 分 3. 仿真结果不正确扣 5 分 4. 验证温度采集系统逻辑不正确扣 10 分			
安全生产	自觉遵守安全文明生产规程	10	1. 每违反一项规定，扣 3 分 2. 发生安全事故，0 分处理 3. 漏接接地线一处扣 5 分			
时间	2 小时		提前正确完成，每 5 分钟加 2 分 超过定额时间，每 5 分钟扣 2 分			
开始时间：		结束时间：		实际时间：		

 拓展与提高

知识进阶

单片机控制系统抗干扰技术

单片机控制系统中一直存在一个常见、关键而又难以解决的问题，这就是抗干扰问题。特别是在电气控制系统中，单片机所控制的是继电器线圈和电动机等感性负载，更使得这一问题尤为突出。很多程序在软件调试(如使用 Keil C51)时完全正常，但一旦把单片机接入电路，通电运行，马上产生程序错乱，不能按预期设计工作，其主要原因就是干扰问题。

1. 单片机控制系统干扰来源及产生的主要原因

单片机控制系统的干扰来源主要有电源干扰、过程通道干扰和电磁波干扰等方面。其中最广泛也是最严重的干扰是电源干扰。

由于单片机是高速运行的数字运算和处理器件，因此在运行过程中，如果电源不稳或受到前向通道、后向通道，以及与单片机系统相连的其他器件和设备的各种干扰，极易使

CPU 的程序处理产生错乱。另外,单片机工作频率较高,会向周围产生电磁辐射,也影响自身工作;同时,外部的电磁信号,特别是感性负载通断时产生的电磁干扰,也会影响单片机控制系统的工作。

2. 单片机控制系统抗干扰技术应用方案

要使单片机在测控系统中可靠地工作,方法有两种:一是切断外界干扰源,使其不能侵入单片机控制系统(方法有屏蔽、隔离、采用高稳定电源等);二是当有干扰发生时,在线路设计和软件上采取必要的措施,使受扰系统尽可能无扰动地纳入正规运行。在生产现场,要使控制系统不受外界干扰几乎是不可能的,因此必须在线路和软件上采取措施,保证单片机系统能在强的干扰环境下正常工作。以下从硬件、软件两个方面展开避错、纠错设计,谈一谈单片机系统中的抗干扰问题。

1) 在供电系统中采用 DC-DC 模块

采用开关电源并提供足够的功率余量,主机部分使用单独的稳压电路,必要时输入/输出供电分别采用 DC-DC 模块隔离,以避免各个部分相互干扰。防止从电源系统引入干扰,可采取交流稳压器保证供电的稳定性,防止电源的过压和欠压。使用隔离变压器滤掉高频噪声,低通滤波器滤掉工频干扰。

单片机的供电采用图 8 - 16 所示方式。电源经交流稳压器稳压,再经一级噪声滤波器,可在一定程度上抑制瞬态干扰。

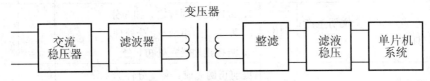

图 8 - 16　简化的供电电路

2) 解决好"退耦"问题

在接口电路中,如果出现两点以上接地,可能引入共阳耦合干扰和地环路电流干扰。抑制这类干扰的方法是采用隔离技术。通常有光电隔离和电磁隔离两种。

(1) 光电隔离。光电隔离是由光电耦合器来实现的,光电耦合器通过光进行信号传送,如图 8 - 17 所示,可以切断单片机与前向、后向及其他控制器电路的联系,使其电路相互独立,从而有效抑制尖峰脉冲及各种噪声干扰。光电耦合器的组成主要包括发光二极管、光敏晶体管等部件。当信号电压 U 产生电流 I 时,其发光的强弱与 U 的大小成正比,通过光电耦合到光电晶体管再一次变成电流,经放大电路输出。它在输入/输出电路中另一个主要作用是抑制地环流,即使在输入端出现 60V 的共模电压时,对控制器也无影响。光电耦合器的输入端与输出端在电气上是绝缘的,且输出端对输入端无反馈,因而具有隔离和抗干扰的独特性能。

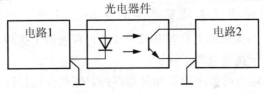

图 8 - 17　光电隔离示意图

（2）电磁隔离。利用隔离变压器来切断环流，如图 8-18 所示。电路 1 的输出经过变压器耦合到电路 2，从而地环路被切断，两电路各自的地电位基准不受影响，不会造成干扰。

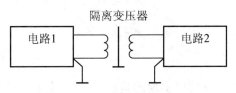

图 8-18　变压器隔离示意图

3）硬件看门狗技术

由于干扰或程序自身的原因，程序在运行过程中可能会偏离正常运转顺序而进入失控状态，甚至陷入死循环，这种情况称为程序跑飞或死机。为避免这种状态造成严重后果，需要对程序运行状态进行监控，一旦这种情况发生，应使系统可以自行复位而重新恢复正常运行。具备这种对系统程序运行状态进行监控的电路或软件称为"看门狗"电路或"看门狗"定时器。

"看门狗"电路的工作原理是在系统运行过程中，每隔一段固定时间给"看门狗"一个信号，表示系统运行正常。如果超过这一时间没有给出信号，则表示系统运行失控。于是"看门狗"电路将自动产生一个复位信号使系统复位，或产生一个中断请求要求系统响应中断，使系统转去执行一个中断程序处理当前的故障。设计"看门狗"电路可采用专用的集成电路，如 MAX813L 等。

MAX813L 是一款带看门狗和电源监控功能的复位芯片，提供的复位信号为高电平，适用于复位信号为高电平的单片机系统。MAX813L 的溢出时间为 1.6s，当系统出现死机时，单片机就会停止向看门狗发送脉冲，超过 1.6s，看门狗电路就会发出复位信号，将系统复位，使系统恢复正常。

4）在软件设计中采用延时抗干扰环节

在感性负载、大功率器件、电源通断时，可采用延时抗干扰环节，利用软件延时，避开干扰。

当单片机发出设备通断指令后，可编写延时程序使系统等待一段时间，延时时间可根据系统情况和干扰强度来具体确定，一般为 50～500ms，具体应用时可通过实际测试来确定。在编写延时程序时，可采用多条空操作（NOP）指令作为延时程序主体，这样通断设备产生的干扰不会对延时程序本身产生太大影响。利用这个延时过程，就避免了设备通断时产生的干扰对系统的影响。经过一段延时，待干扰过去后，单片机系统再执行后续的指令。

5）软件看门狗技术

PC 受到干扰引起程序失控，可能使程序进入"死循环"。指令冗余技术、软件陷阱技术不能使失控的程序摆脱"死循环"的困境，通常采用程序监视技术，又称"看门狗"技术。"看门狗"技术就是不断监视程序循环运行时间，若发现时间超过已知的循环设定时间，就认为系统陷入了"死循环"，然后强迫程序返回到 0000H 入口，并在 0000H 处安排一段出错处理程序，使系统运行纳入正轨。在设计看门狗时可设计两个定时器，一个为短定时器，一个为长定时器，并各自独立，短定时器像典型看门狗一样工作，它保证一般情况下看门狗有快的反映速度，长定时器的定时大于 CPU 执行一个主循环程序的时间，用来防止看门狗失效。

习　题

一、选择题

1. 下列功能中不是由 I/O 接口实现的是（　　）。

A. 速度协调　　　　　　　　　　　B. 数据缓冲和锁存

C. 数据转换　　　　　　　　　　　D. 数据暂存

2. 三态缓冲器的输出应具有三种状态，其中不包括（　　）。

A. 高阻抗状态　　　　　　　　　　B. 低阻抗状态

C. 高电平状态　　　　　　　　　　D. 低电平状态

3. 为给扫描工作的键盘提供接口电路，在接口电路中只需要（　　）。

A. 一个输入口　　　　　　　　　　B. 一个输出口和一个输入口

C. 一个输出口　　　　　　　　　　D. 一个输出口和两个输入口

4. 在接口电路中的"口"一定是一个（　　）。

A. 已赋值的寄存器　　　　　　　　B. 数据寄存器

C. 可编址的寄存器　　　　　　　　D. 既可读又可写的寄存器

5. 下列理由中，不能说明 AT89C51 的 I/O 编址是统一方式而非独立方式的理由是（　　）。

A. 没有专用的 I/O 指令　　　　　　B. 没有区分存储器和 I/O 的控制信号

C. 使用存储器指令进行 I/O 操作　　D. P3 口线具有第二功能

二、填空题

1. 在查询和中断两种数据输入输出方式中，效率较高的是_____。

2. 在多位 LED 显示器接口电路的控制信号中，必不可少的是_____控信号和_____控信号。

3. 简单输入口扩展是位了实现输入数据的_____缓冲_____功能，而简单输出口扩展是为了实现输出数据的_____功能。

4. 8255A 能为数据 I/O 操作提供 A、B、C 这 3 个 8 位口，其中 A 口和 B 口只能作为数据口使用，而 C 口则既可作为_____口使用又可作为_____口使用。

5. 与 8255A 相比较，8155 的功能有所增强，主要表现在 8155 具有_____单元的_____和一个_____位的。

三、简答题

1. 为什么要消除键盘的机械抖动？有哪些方法？

2. 试说明非编码键的工作原理。如何判断按键释放？

3. 试述 A/D 转换器的种类和特点。

4. 假定一个存储器有 4096 个存储单元，其首地址为 0，则末地址为多少？

5. 6 根地址线和 11 根地址线各可选多少个地址？

习题参考答案

项目 1

一、选择题

1—5：ADABC

二、解答题

1. 完成不同进制之间的转换。

100D＝<u>01100100</u>B＝<u>64</u>HB

03CH＝<u>00</u> 111100B＝<u>60</u>D

2. 写出下列各数的原码、反码和补码（用二进制数表示）。

$$21 \quad -21 \quad 59 \quad -59 \quad 127 \quad -127 \quad 1 \quad -1$$

21	原码：	00010101
	反码：	00010101
	补码：	00010101
−21	原码：	10010101
	反码：	11101010
	补码：	11111011
59	原码：	00111011
	反码：	00111011
	补码：	00111011
−59	原码：	10111011
	反码：	11000100
	补码：	11000101
127	原码：	01111111
	反码：	01111111
	补码：	01111111
−127	原码：	11111111
	反码：	10000000
	补码：	10000001
1	原码：	00000001
	反码：	00000001
	补码：	00000001
−1	原码：	1000001
	反码：	11111110
	补码：	11111111

3. 用十进制数写出下列补码的真值。

1FH　69H　89H　FCH　97H　CDH　B3H　10H

1FH 的真值：　　31D

69H 的真值：　　105D

89H 的真值：　　－119D

FCH 的真值：　　－4D

97H 的真值：　　－105D

CDH 的真值：　　－51D

B3H 的真值：　　－77D

10H 的真值：　　16D

4. 已知 X 和 Y，求$(X+Y)_{补}$。

(1) X=31D，Y=55D　　　　$(X+Y)_{补}$= 01010000B

(2) X=46D，Y=－81D　　　$(X+Y)_{补}$=11010001B

(3) X=－54D，Y=93D　　　$(X+Y)_{补}$=00100111B

(4) X=－23D，Y=－67D　　$(X+Y)_{补}$=10100110B

(5) X=75D，Y=89D　　　　$(X+Y)_{补}$=10100100B

5. 写出下列各数的 8421BCD 码。

1234　　　5678

1234 的 BCD 码：0001001000110100

5678 的 BCD 码：0101011001111000

三、判断题

1－5：√√×××

四、简答题

1. 简述冯·诺依曼型计算机的主要特征。

答：采用二进制代替十进制运算；存储程序工作方法；计算机硬件系统的构成。

2. 简述什么是单片机。

答：将中央处理器、随机存储器、只读存储器、中断系统、定时器/计数器以及 I/O 接口电路等微型计算机的主要部件集成在一块芯片上，使其具有计算机的基本功能，就叫做单片微型计算机，简称单片机。由于单片机的指令功能是按照工业控制的要求设计，所以单片机又称为微控制器。

项目 2

一、选择题

1－5：ACCBB

二、填空题

1. 低电平，跳变

2. 32，00H-1FH，4，8，R0-R7

3. 0，00H-07H

4．PC，PC

5．D5H，F0，PSW.5，D5H.5

三、判断题

1—5：×√××√

四、简答题

1．AT89C51 单片机内部包含哪些主要部件？

① 8 位 CPU；

② 4KB 的程序存储器（掩膜 ROM）；

③ 128B 的数据存储器；

④ 片外程序存储器最大寻址能力 64KB；

⑤ 片外数据存储器最大寻址能力 64KB；

⑥ 32 根输入/输出线；

⑦ 1 个全双工异步串行接口；

⑧ 2 个 16 位定时/计数器；

⑨ 5 个中断源，2 个中断优先级。

2．在功能上、工艺上、程序存储器的配置上，AT89C51 单片机有哪些种类？

工艺：HMOS 工艺和 CHMOS 工艺；

类型：基本型和增强型；

配置：片内无程序存储器、掩膜程序存储器 ROM、EPROM。

3．简要说明 MCS-51 与 AT89C51 的主要区别是什么？

AT89C51 单片机内部有 FLASH 存储器

4．AT89C51 单片机的 P0～P3 口在结构上有何不同？

P0：数据总线和低 8 位地址总线；

P1：通用 I/O 接口；

P2：高 8 位地址线；

P3：多功能 I/O 接口。

5．单片机的片内、片外存储器如何选择？

当 $\overline{EA}$ 为低电平时，CPU 直接访问外部程序存储器；

当 $\overline{EA}$ 为高电平时，CPU 要先对内部 0～4KB 程序存储器访问，然后自动延至外部超过 4K 的程序存储器。

6．分析下面各组指令，区分它们的不同之处。

MOVA，30H 与 MOVA，♯30H

前者表示：（30H）→A；后者表示：30H→A。

MOVA，R0 与 MOVA，@R0

前者表示：（R0）→A；后者表示：（（R0））→A。

MOVA，@R1 与 MOVXA，@R1

前者表示：在片内数据存储器((R1))→A

后者表示：在片外数据存储器((R1))→A

    MOVXA，@R0 与 MOVXA，@DPTR

前者 R0 表示 8 位地址；后者 DPTR 表示 16 位地址

MOVXA，@DPTR 与 MOVCA，@A+DPTR

前者表示：((DPTR))→A；后者表示：((DPTR)+(A))→A。

7. 在 AT89C51 单片机的片内 RAM 中，已知(30H)＝38H，(38H)＝40H，(40H)＝48H，(48H)＝90H。请说明下面各是什么指令和寻址方式，以及每条指令执行后目的操作数的结果。

MOVA，40H	;数据传送，直接寻址，(A) = 48H
MOVR0，A	;数据传送，寄存器寻址，(R0) = 48H
MOVP1，♯0FH	;数据传送，立即数寻址，(P1) = 0FH
MOV@R0，30H	;数据传送，直接寻址，(48H) = 38H
MOVDPTR，♯1234H	;数据传送，立即数寻址，(DPTR) = 1234H
MOV40H，30H	;数据传送，直接寻址，(40H) = 38H
MOVR0，38H	;数据传送，直接寻址，(R0) = 40H
MOVP0，R0	;数据传送，直接寻址，(P0) = 40H
MOV28H，♯30H	;数据传送，立即数寻址，(28H) = 30H
MOVA，@R0	;数据传送，寄存器间接寻址，(A) = 38H

8. 已知(A)＝23H，(R1)＝65H，(DPTR)＝1FECH，片内 RAM(65H)＝70H，ROM(205CH)＝64H。试分析下列各条指令执行后目标操作数的内容。

MOVA，@R1	;(A) = 70H
MOVX@DPTR，A	;(1FECH) = 70H
MOVCA，@A+DPTR	;(A) = 64H
XCHDA，@R1	;(A) = 65H

项目 3

一、选择题

1—5：DCBBC

二、填空题

1. MOV，MOVX，MOVC

2. 00H~07H，08H~0FH，10H~17H，18H~1FH，0，1

3. 复位信号，地址锁存信号，程序存储器选通信号，访问片内程序存储信号

4. ALE，P0

5. 1

三、简答题

1. 简述 AT89C51 汇编指令格式。

答：AT89C51 汇编语言指令由四部分组成，其一般格式如下：

［标号:］操作码　［操作数］［；注释］

格式中的方括号意为可以没有相应部分，可以没有标号、操作数和注释，至少要有操作码。其操作数部分最多可以是两项：

［第 1 操作数］［，第 2 操作数］

2. 访问片内 RAM 低 128 字节使用什么寻址方式？访问片内 RAM 高 128 字节使用什么寻址方式？访问 SFR 使用什么寻址方式？

答：访问片内 RAM 低 128 字节使用直接寻址，寄存器间接寻址，位寻址；访问片内 RAM 高 128 字节使用寄存器间接寻址；访问 SFR 使用直接寻址，位寻址。

3. 访问片外 RAM 使用什么寻址方式？

答：访问片外 RAM 使用寄存器间接寻址

4. 访问程序存储器使用什么寻址方式？指令跳转使用什么寻址方式？

答：访问程序存储器使用指令绝对寻址，指令相对寻址。指令跳转使用指令绝对寻址，指令相对寻址。

5. 汇编语言程序设计分哪几个步骤？

答：(1) 分析题意，确定算法或算法思想。

算法是指解决问题的方法和步骤。比如现有的一些计算方法和日常生活中解决问题的逻辑思维推理方法等。

(2) 根据算法画出流程图，简单的情况也可不画。

画出描述算法的流程图，可以首先从图上检验算法的正确性，减少出错的可能，使得动手编写程序时的思路更加清晰。

(3) 分配存储空间和工作单元，合理地使用寄存器。

分配存储空间和工作单元，是指存储空间的分段和数据定义。另外，由于寄存器的数量有限，编写程序时经常会感到寄存器不够用。因此，对于字节数据，要尽量使用 8 位寄存器。而采用适当的寻址方式，也会达到节省寄存器的目的。

(4) 根据流程图编写程序。

这是编制汇编语言程序最为重要的一步。算法里规定的功能，是要通过一条条指令描述出来的。为了提高编程能力，对于初学者，一是要多阅读现有的程序，以学习别人的编程经验；而更为重要的是，必须多亲自动手编写，不要怕失败，只有通过无数次失败，才能从中积累自己的编程经验。

(5) 上机调试运行程序。

通过汇编的源程序，只能说明它里面不存在语法错误。但是它是否能达到算法所要求的预期效果，还必须经过上机调试，用一些实验数据来测试，才能够真正地得出结论。可以这么说，即使是一个非常有经验的程序员，也不能百分之百地把握说他编写的程序一次就成功。

6. 试说明汇编语言编程的特点。

(1) 与机器指令一一对应。用汇编语言编制的程序效率高，占用存储空间小，运行速度快。汇编语言能编写出最优化的程序，且能反映计算机的实际运行情况。

(2) 较高级语言编写困难。因为汇编语言是面向计算机的，程序设计人员必须对计算机有相当深入的了解，才能使用汇编语言编制程序。

（3）汇编语言能直接访问硬件部件与接口电路。

（4）缺乏通用性，程序不易移植。不同计算机的汇编语言之间是不能通用的，因为它们各自都有适合于自己机型特点的汇编语言。但是，掌握了一种计算机的汇编语言，有助于学习其他计算机的汇编语言。

7. 什么叫"伪指令"？伪指令与指令有什么区别？你知道几条伪指令？

伪指令告诉汇编程序进行什么操作，仅仅在汇编时有效，比如变量的定义，内存空间的分配，并不产生真正的机器代码，指令是机器运行对应机器的一个动作，有机器代码，只有汇编通过，机器才能运行。常见的伪指令有 ORG，DB，DW，DS，EQU，DATA ，BIT 等。

8. 基本程序结构有哪几种？各有什么特点？

基本的程序结构有顺序结构、分支结构以及循环结构。顺序结构是语句顺序执行，分支结构是语句在满足条件下执行，而循环结构是语句在满足条件下循环执行多次。

9. 什么是"子程序"？子程序设计时的注意事项是什么？

子程序是一个相对独立的代码，单片机可以多次使用它，只要需要，就可以多次调用它。调用子程序要用到堆栈，每次运行只执行一次该段代码，但可以多次执行（没有次数上的限制）。

10. 试对下列程序进行手工汇编，并说明此程序功能。

```
        ORG 4000H
ACADD1: MOV R0, #25H
        MOV R1, #2BH
        MOV R2, #06H
        CLR C
        CLR A
LOOP:   MOV A, @R0
        ADDC A, @R1
        MOV @R0, A
        DEC R0
        DEC R1
        DJNZ R2, LOOP
LOOP1:  SJMP LOOP1
        END
```

答案：

程序地址 4000H ORG 4000H

4000H 7825H ACADD1: MOV R0, #25H		；第 1 个 6 字节数在 20H~25H
02H 7925H MOV R1, #2BH		；第 2 个 6 字节数在 26H~2BH
04H 7A06H MOV R2, #06H		；相加 6 次，每次一个字节
06H C3H CLR C		
07H E4H CLR A		
08H E6H LOOP: MOV A, @R0		；被加数
09H 27H ADDC A, @R1		；带进位相加一个字节

0AH F7H MOV @R0, A	;存放一个字节结果
0BH 18H DEC R0	;下一字节
0CH 19H DEC R1	
0DH DAF9H DJNZ R2, LOOP	;08H － 0FH ＝ F9H
0FH 80FEH LOOP1：SJMP LOOP1	;0FH － 11H ＝ FEH
11H END	;程序完成两个 6 字节数相互十六进制加法，

11. 从内部存储器 20H 单元开始，有 30 个数据。试编一个程序，把其中的正数、负数分别送 51H 和 71H 开始的存储单元，并分别将正数、负数的个数送 50H 和 70H 单元。

参考程序：

MOV R0，♯20H	
MOV R2，♯30H	
MOV 50H，♯00H	
MOV 70H，♯00H	
MOV R1，♯51H	
LOOP0：MOV A，@R0	;处正数
INC R0 JB ACC.7 LOOP1	
MOV @R1 , A	;由于间接寻址寄存器不够用
INC R1	;本处采用两段程序分先后处理正负数
INC 50H	
LOOP1：DJNZ R2, LOOP0	
LOP：MOV R0，♯20H	;处理负数
MOV R2，♯30H	
MOV R1，♯71H	
LOOP2：MOV A，@R0	
INC R0	
JNB ACC.7 LOOP3	
MOV @R1，A	;为负数
INC R1	
INC 70H	
LOOP3：DJNZ R2, LOOP2	
END	

项目 4

一、填空题

1. 共享

2. 外部中断

3. PC，PC，程序计数器

4. 2

5. IE0，IE1

二、选择题

1－5：DCABC

三、简答题

1. 什么是中断、中断源和中断优先级？

中断是指中央处理器 CPU 正在处理某件事情的时候，外部发生了某一事件，请求 CPU 迅速去处理，CPU 暂时停止当前的工作，转入处理所发生的事件，处理完以后，再回到原来被停止的地方，继续原来的工作。这样的过程称为中断。

中断源是指产生中断的请求源。

一般计算机系统允许有多个中断源，当几个中断源同时向 CPU 请求中断，要求服务的时候，就存在 CPU 优先响应哪一个中断源请求的问题，一般计算机根据中断源（所发生的实时事件）的轻重缓急排队，优先处理最紧急事件的中断请求，于是便规定每一个中断源都有一个中断优先级别。

2. 中断响应时间是否为确定不变的？为什么？

答：不是确定不变的。

$\overline{INT0}$ 和 $\overline{INT1}$ 电平在每一个机器周期的 S_5P_2 被采样并锁存到 IE0、IE1 中，这个新置入的 IE0、IE1 状态等到下一个机器周期才被查询电路查询到。如果中断被激活，并且满足响应条件，CPU 接着执行一条硬件子程序调用指令以转到相应的服务程序入口，该调用指令本身需两个机器周期。这样，在产生外部中断请求到开始执行中断服务程序的第一条指令之间，最少需要三个完整的机器周期。

如果中断请求被前面列出的三个条件之一所阻止，则需要更长的响应时间。这样，在一个单一中断的系统里，外部中断响应时间总是在 3～8 个机器周期之间。

3. 中断响应后，是怎样保护断点和保护现场的？

响应中断时，先置位相应的优先级状态触发器（该触发器指出 CPU 开始处理的中断优先级别），然后执行一条硬件子程序调用，使控制转移到相应的入口，清 0 中断请求源申请标志（TI 和 RI 除外）。接着把程序计数器的内容压入堆栈（但不保护 PSW），将被响应的中断服务程序的入口地址送程序计数器 PC。

4. AT89C51 有几个中断源？有几级中断优先级？各中断标志是如何产生的？又是如何清除的？响应中断时，各中断源中断入口地址是多少？

AT89C51 单片机有 5 个中断源，具有 2 级中断优先级。

中断源	入口地址
外部中断 0	0003H
定时器 T0	000BH
外部中断 1	0013H
定时器 T1	001BH
串行口中断	0023H

项目 5

一、选择题

1—5：BCADC

二、填空题

1. 外中断 0，外中断 1，T0，T1，串行口

2. 工作方式设置位，计数

3. IE

4. T0，波特率发生器

5. 内部机器周期，外部引入的

三、简答题

1. 输入/输出通道分为哪些类型？它们各有什么作用？

输入通道分为：模拟输入通道和开关量输入通道。

模拟量输入通道作用：把传感器转换后的电信号经过适当的调理，然后转换成数字量输入计算机。

开关量输入通道的作用：接受外部设备的状态逻辑信号，并对输入的状态信号采取转换，保护，滤波，隔离等措施。

输出通道分为：模拟量输出通道和开关量输出通道。

模拟量输出通道：把数字量转换成适合于执行机构的模拟量。

开关量输出通道：主要是滤波，电平转换，隔离和功率的驱动。

2. 静态显示和动态显示的区别是什么？

静态显示：系统在每一次显示输出后，能保持显示不变，仅存在待显示数字需要改变时，才更新其数字显示器中锁存的内容，这种显示占用 CPU 时间少，显示稳定可靠。缺点是，当显示位数较多时，占用 I/O 较多。

动态显示：CPU 需定时地对每位 LED 显示器进行扫描，每位 LED 显示器分时轮流工作，每次只能使一位 LED 显示，但由于人眼视觉暂留现象，仍感觉所有的 LED 显示器都同时显示。这种显示的优点是使用硬件少，占用 I/O 少，缺点是占用 CPU 时间长，只要不执行显示程序，就立刻停止显示。

3. AT89C51 单片机内部有几个定时器/计数器，有几种工作方式？

答：89C51 内部有 2 个定时器/计数器，定时器 1 有 4 种工作方式，定时器 2 有 4 种工作方式。

4. 定时器/计时器用作定时器用时，其定时时间和哪些因素有关？作计数器时，对外界计数频率有何限制？

答：定时器的定时时间和单片机的振荡频率和定时初值有关。做计数器时候，其外界计数频率最大不能超过 $f_{osc}/12$。

5. AT89C51 单片机的定时器/计数器的定时和计数两种功能各有什么特点？

答：定时是对时钟脉冲进行计数；计数是对外部计数脉冲进行计数。

6. AT89C51 单片机的 T0、T1 定时器/计数器的四种工作方式各有什么特点？

答：方式 0：13 位计数模式；方式 1：16 位计数模式；方式 2：8 位自动重装入计数模式；方式 3：只有 T0 有的双 8 位计数模式。

7. 根据定时器/计数器 0 方式 1 逻辑结构图，分析门控位 GATE 取不同值时，启动定时器的工作过程。

答：当 GATE＝0：软件启动定时器，即用指令使 TCON 中的 TR0 置 1 即可启动定时器 0。

当 GATE＝1：软件和硬件共同启动定时器，即用指令使 TCON 中的 TR0 置 1 时，只有外部中断 INT0 引脚输入高电平时才能启动定时器 0。

8. 当定时器/计数器的加 1 计数器计满溢出时，溢出标志位 TF1 由硬件自动置 1，简述对该标志位的两种处理方法。

答：一种是以中断方式工作，即 TF1 置 1 并申请中断，响应中断后，执行中断服务程序，并由硬件自动使 TF1 清 0；另一种以查询方式工作，即通过查询该位是否为 1 来判断是否溢出，TF1 置 1 后必须用软件使 TF1 清 0。

9. 设 AT89C51 单片机 $f_{osc}=12MHz$，要求 T0 定时 $150\mu s$，分别计算采用定时方式 0、方式 1 和方式 2 时的定时初值。

答：方式 0 的定时初值：IF6AH；

方式 1 的定时初值：FF6AH；

方式 2 的定时初值：6AH。

10. 设 AT89C51 单片机 $f_{osc}=6MHz$，问单片机处于不同的工作方式时，最大定时范围是多少？

答：方式 0 的最大定时范围：131，$072\mu s$；

方式 1 的最大定时范围：16，$384\mu s$；

方式 2 的最大定时范围：$512\mu s$。

项目 6

一、判断题

1—5：√√×√× 6—10：√√×××

二、填空题

1. 串行，并行，串行
2. 起始，数据，奇偶校验，停止
3. 单工，半双工，全双工
4. 固定，可变，溢出率
5. SCON，RB8
6. 数据终端设备(DTE)，数据通信设备(DCE)
7. 奇偶校验，代码和校验，循环冗余码校验
8. 同步移位，并行
9. 方式 0，方式 2，方式 1，方式 3
10. 2，自动从新加载

三、单项选择题

1—5：CDA(BD)B　　6—10：ACBAC　　11—12：BC

四、简答题

1. 简述 80C51 单片机串行通信时在方式 1 下发送数据的过程。

数据发送是由一条写发送寄存器(SBUF)指令开始的。随后在串行口由硬件自动加入起始位和停止位，构成一个完整的帧格式，然后在移位脉冲的作用下，由 TXD 端串行输出。一个字符帧发送完后，使 TXD 输出线维持在 1(SPACE)状态下，并将 SCON 寄存器的 TI 置 1，通知 CPU 可以发送下一个字符。

2. RS-232C 和 RS-485 的信号逻辑电平各是什么？在与 80C51 单片机通信时，中间是否都要加装逻辑电平转换芯片？

RS-232C 采用负逻辑电平，规定：DC(−3——15V)逻辑 1，DC(＋3—＋15)为逻辑 0，−3—＋3 过渡区。

与 TTL 和 MOS 电平不兼容，为了兼容需要外加电平转换电路。

RS−485 采用两线间的电压来表示逻辑 1 和逻辑 0。

与单片机通信时候可以通过 MAX485 来完成 TTL/RS−485 的电平转换。

3. 80C51 单片机串行口有几种工作方式？由什么寄存器决定？

答：有 4 种工作方式，由串行口控制寄存器 SCON 中的 SM0、SM1 设置。

SM0 、SM1	工作方式
00	0
01	1
10	2
11	3

4. 如图 7‑22 所示，为某系统用单片机的 I/O 口控制两个共阴极接法的 LED 显示器。试编写应用程序使得在 LED 显示器上显示"H P"两个字符。

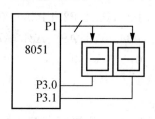

```
MOV     TMOD，＃00H        MOV     TH1，＃0FCH
        MOV     TL1，＃03H
        MOV     IE，＃00H
LOOP：SETB   TR1
        JBC     TF1，LOOP1
        AJMPLOOP
LOOP1：MOV   TH1，＃FCH
        MOV     TL1，＃03H
        CLR     TF1
        CPL     P1.0
        AJMPLOOP
```

项目 7

一、选择题

1−5：BCDDC

二、填空题

1. 口或端口

2. 锁存

3. 三态缓冲

4. 统一编址方式

5. 无条件传送，查询方式，中断

三、判断题

1—5：×√√√×

四、简答题

1. 8031 单片机为核心，对其扩展 16KB 的程序存储器，画出硬件电路并给出存储器的地址分配表。

电路图：

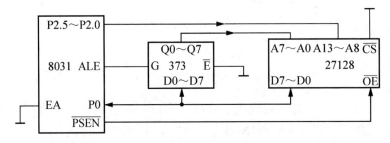

8031 引脚：P2.7 P2.6 P2.5 P2.4 P2.3 P2.2 P2.1 P2.0 P0.7 ······ P0.0

地址线： A15 A14 A13 A12 A11 A10 A9 A8 A7 A6A5A4A3A2A1 A0

27128： 0 0 0 0 0 0 0 0 0 ··· 0

0 0 1 1 1 1 1 1 1 ··· 1

地址为：0000H～3FFFH

2. 采用统一编址的方法对 8031 单片机进行存储器扩展。要求用一片 2764、一 2864 和一片 6264，扩展后存储器的地址应连续，试给出电路图及地址分配表。

电路图：

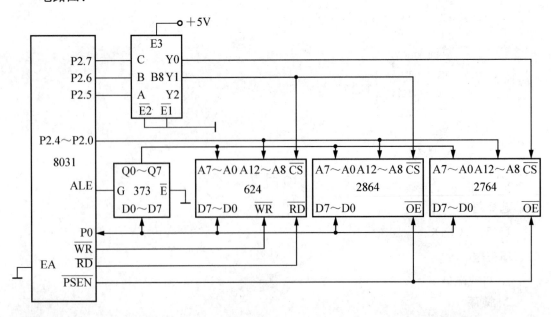

8031 引脚：P2.7 P2.6 P2.5 P2.4 P2.3 P2.2 P2.1 P2.0 P0.7 ······ P0.0

地址线：　A15 A14 A13 A12 A11 A10 A9 A8 A7　A6A5A4A3A2A1　A0

2764：0　0　0　0　0　0　0　0　0 ······ 0

　　　　　　　　　　　|

　　　　 0　0　0　1　1　1　1　1　1 ··· 1

地址：0000H～1FFFH

2864：00 1 0 0 0 0 0 0···0

　　　　　　|

　　　 00 1 1 1 1 1 1 1···1

地址：2000H～3FFFH

3. 用 8255A 扩展并行 I/O 口，其中 A 口输入，B 口输出，画出电路连接图，并给出 8255A 的初始化程序。

电路图：

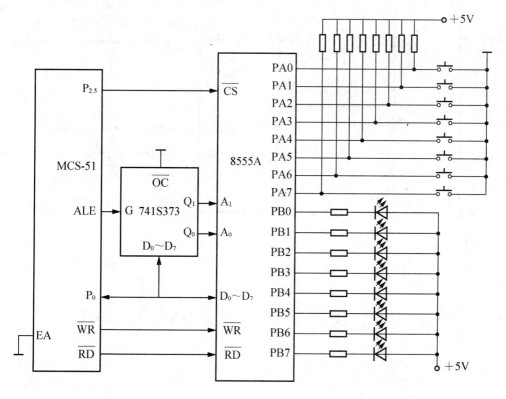

（2）MCS-51 引脚：P2.7　P2.6　P2.5　P2.4　P2.3　P2.2　P2.1　P2.0　P0.7 P0.6　P0.5　P0.4　P0.3　P0.2　P0.1　P0.0

地址线：A15　A14　A13　A12　A11　A10　A9　A8　A7　A6　A5　A4　A3 A2　A2　A1　A0

8255A 地址：

A 口：1101111111111100 ［DFFCH］

B 口：1101111111111101 ［DFFDH］

C口：110111111111110 〔DFFEH〕

控制口：110111111111111 〔DFFFH〕

（3）程序

```
MOV DPTR, #DFFFH        MOV A, @DPTR
MOV A, #90H             INC  DPTR
MOVX @DPTR, A           MOVX @DPTR, A
MOV DPTR, #DFFCH
```

4. 用 8255A 扩展电路设计 4 路抢答器。要求 A 口输入四路抢答信号，B 口输出四路抢答指示（用 LED 发光二极管）和声音提示。

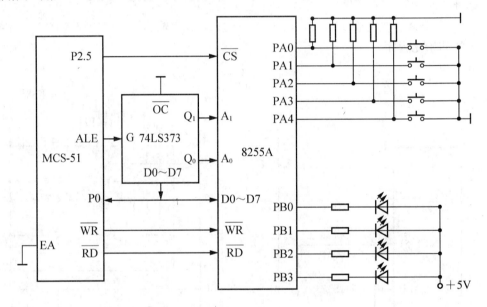

程序：

```
        MOV  DPTR, #7FFFH
        MOV A, #98H
        MOVX  @DPTR, A
NO:     MOV  DPTR, #7FFCH
        MOVX A, @DPTR
        JB  ACC.4, NO
        LCALL  YS10MS
        JB  ACC.4, NO
        JNB  ACC.4, $
ZERO:   MOV  DPTR, #7FFCH
        MOVX  A, @DPTR
        JB  ACC.0, ONE
        LCALL  YS5MS
        JB  ACC.0, ONE
        LCALL  LAMP
```

```
        LJMP   NO
ONE:    JB  ACC.1,TWO
        LCALL   YS5MS
        JB  ACC.1,TWO
        LCALL   LAMP
        LJMP   NO
TWO:    JB  ACC.2,THR
        LCALL   YS5MS
        JB  ACC.2,THR
        LCALL   LAMP
        LJMP   NO
THR:    JB  ACC.3,ZERO
        LCALL   YS5MS
        JB  ACC.3,ZERO
        LCALL   LAMP
        LJMP   NO
LAMP:   ANL   A,#0FFH
        MOV  DPTR,#7FFDH
        MOVX   @DPTR,A
        RET
```

项目 8

一、选择题

1—5：ABBCD

二、填空题

1. 中断方式

2. 段，位

3. 缓冲，锁存

4. 数据，控制

5. 256，RAM，14，定时器/计数器

三、简答题

1. 为什么要消除键盘的机械抖动？有哪些方法？

答：键抖动会引起一次按键被误读多次。为了确保 CPU 对键的一次闭合仅做一次处理，必须去除键抖动。在键闭合稳定时，读取键的状态，并且必须判别；在键释放稳定后，再作处理。按键的抖动，可用硬件或软件两种方法消除。如果按键较多，常用软件方法去抖动，即检测出键闭合后执行一个延时程序，产生 12～20 ms 的延时，让前沿抖动消失后，再一次检测键的状态，如果仍保持闭合状态电平，则确认为真正有键按下。当确认有键按下或检测到按键释放后，才能转入该键的处理程序。

2. 试说明非编码键盘的工作原理。如何判断按键释放？

答：非编码键盘的单片机系统中，键盘处理程序首先执行有无键按下的程序段，当确

认有按键按下后，下一步就要识别哪一个按键被按下。对键的识别常用逐行扫描查询法或行列反转法。在获取键号后，继续扫描端口，直到状态改变，去抖动后，再次确认状态改变，即可判断按键释放。

3. 试述 A/D 转换器的种类和特点。

答：模/数（A/D）转换电路的种类很多，例如，计数比较型、逐次逼近型、双积分型等等。逐次逼近型 A/D 转换器在精度、速度和价格上都适中，是最常用的 A/D 转换器件。双积分 A/D 转换器，具有精度高、抗干扰性好、价格低廉等优点，但转换速度低。

4. 假定一个存储器有 4096 个存储单元，其首地址为 0，则末地址为多少？

答：末地址为 4095。

5. 6 根地址线和 11 根地址线各可选多少个地址？

答：6 根地址线可选 2^6 个地址；11 根地址线可选 2^{11} 个地址。

附录 A 51 指令表详解

		单片机指令系统		
符号	举例	说明	字节	周期
		数据传递类指令		
MOV	MOV A，Rn	寄存器传送到累加器	1	1
	MOV A，direct	直接地址 传送到 累加器	2	1
	MOV A，@Ri	外部 RAM(8 地址)传送到累加器	1	1
	MOV A，#data	立即数传送到累加器	2	1
	MOV Rn，A	累加器传送到寄存器	1	1
	MOV Rn，direct	直接地址传送到寄存器	2	2
	MOV Rn，#data	立即数传送到寄存器	2	1
	MOV direct，Rn	寄存器传送到直接地址	2	1
	MOV direct，direct	直接地址传送到直接地址	3	2
	MOV direct，A	累加器传送到直接地址	2	1
	MOV direct，@Ri	间接 RAM 传送到直接地址	2	2
	MOV direct，#data	立即数传送到直接地址	3	2
	MOV @Ri，A	累加器传送到间接 RAM	1	2
	MOV @Ri，direct	直接地址传送到间接 RAM	2	2
	MOV @Ri，#data	立即数传送到间接 RAM	2	2
	MOV DPTR，#data16	16 位常数加载到数据指针	3	1
MOVC	MOVC A，@A+DPTR	代码字节传送到累加器	1	2
	MOVC A，@A+PC	代码字节传送到累加器	1	2
MOVX	MOVX A，@DPTR	外部 RAM(16 地址)传送到累加器	1	2
	MOVX A，@Ri	外部 RAM(8 地址)传送到累加器	1	2
	MOVX @DPTR，A	累加器传送到外部 RAM(16 地址)	1	2
	MOVX @Ri，A	累加器传送到外部 RAM(8 地址)	1	2
PUSH	PUSH direct	直接地址压入堆栈	2	2
POP	POP direct	直接地址弹出堆栈	2	2
XCH	XCH A，Rn	寄存器和累加器交换	1	1
	XCH A，direct	直接地址和累加器交换	2	1
	XCH A，@Ri	间接 RAM 和累加器交换	1	1

<table>
<tr><td colspan="6" align="center">单片机指令系统</td></tr>
</table>

符号	举例	说明	字节	周期
XCHD	XCHD A，@Ri	间接 RAM 和累加器交换低 4 位字节	1	1
		算术运算类指令		
INC	INC A	累加器加 1(结果仍存于原单元中)	1	1
	INC Rn	寄存器加 1	1	1
	INC direct	直接地址加 1	2	1
	INC @Ri	间接 RAM 加 1	1	1
	INC DPTR	数据指针加 1	1	2
DEC	DEC A	累加器减 1(结果仍存于原单元中)	1	1
	DEC Rn	寄存器减 1	1	1
	DEC direct	直接地址减 1	2	2
	DEC @Ri	间接 RAM 减 1	1	1
MUL	MUL AB	A 乘 B 寄存器(结果高字节存 B 低字节存 A)	1	4
DIV	DIV AB	A 除 B 寄存器(二进制商数存于 A 余数存 B)	1	4
DA	DA A	对 BCD 码加法结果进行十进制调整	1	1
ADD	ADD A，Rn	寄存器与累加器求和(结果送 A)	1	1
	ADD A，direct	直接地址与累加器求和	2	1
	ADD A，@Ri	间接 RAM 与累加器求和	1	1
	ADD A，♯data	立即数与累加器求和	2	1
ADDC	ADDC A，Rn	寄存器与累加器求和(带进位，结果送 A)	1	1
	ADDC A，direct	直接地址与累加器求和(带进位)	2	1
	ADDC A，@Ri	间接 RAM 与累加器求和(带进位)	1	1
	ADDC A，♯data	立即数与累加器求和(带进位)	2	1
SUBB	SUBB A，Rn	累加器减去寄存器(带借位)	1	1
	SUBB A，direct	累加器减去直接地址(带借位)	2	1
	SUBB A，@Ri	累加器减去间接 RAM(带借位)	1	1
	SUBB A，♯data	累加器减去立即数(带借位)	2	1
		逻辑运算类指令		
ANL	ANL A，Rn	寄存器"与"累加器(结果存于 A)	1	1
	ANL A，direct	直接地址"与"累加器	2	1
	ANL A，@Ri	间接 RAM"与"累加器	1	1

单片机指令系统

符号	举例	说明	字节	周期
ANL	ANL A，#data	立即数"与"累加器	2	1
	ANL direct，A	累加器"与"直接地址（结果存直接地址）	2	1
	ANL direct，#data	立即数"与"直接地址（结果存直接地址）	3	2
ORL	ORL A，Rn	寄存器"或"累加器（结果存于 A）	1	2
	ORL A，direct	直接地址"或"累加器	2	1
	ORL A，@Ri	间接 RAM"或"累加器	1	1
	ORL A，#data	立即数"或"累加器	2	1
	ORL direct，A	累加器"或"直接地址（结果存直接地址）	2	1
	ORL direct，#data	立即数"或"直接地址（结果存直接地址）	3	2
XRL	XRL A，Rn	寄存器"异或"累加器（结果存于 A）	1	2
	XRL A，direct	直接地址"异或"累加器	2	1
	XRL A，@Ri	间接 RAM"异或"累加器	1	1
	XRL A，#data	立即数"异或"累加器	2	1
	XRL direct，A	累加器"异或"直接地址（结果存直接地址）	2	1
	XRL direct，#data	立即数"异或"直接地址（结果存直接地址）	3	1
CLR	CLR A	累加器清零	1	2
CPL	CPL A	累加器求反	1	1
RL	RL A	累加器循环左移	1	1
RLC	RLC A	带进位累加器循环左移	1	1
RR	RR A	累加器循环右移	1	1
RRC	RRC A	带进位累加器循环右移	1	1
SWAP	SWAP A	累加器高、低 4 位交换	1	1
控制转移类指令				
JMP	JMP @A+DPTR	相对 DPTR 的无条件间接转移	1	2
JZ	JZ rel	累加器为 0 则转移	2	2
JNZ	JNZ rel	累加器为 1 则转移	2	2
CJNE	CJNE A，direct，rel	比较直接地址和累加器，不相等则转移	3	2
	CJNE A，#data，rel	比较立即数和累加器，不相等则转移	3	2
	CJNE Rn，#data，rel	比较寄存器和立即数，不相等则转移	2	2
	CJNE @Ri，#data，rel	比较立即数和间接 RAM，不相等则转移	3	2

单片机指令系统

符号	举例	说明	字节	周期
DJNZ	DJNZ　Rn, rel	寄存器减1, 不为0则转移	3	2
	DJNZ　direct, rel	直接地址减1, 不为0则转移	3	2
NOP	NOP	空操作, 用于短暂延时	1	1
ACALL	ACALL　add11	绝对调用子程序	2	2
LCALL	LCALL　add16	长调用子程序	3	2
RET	RET	从子程序返回	1	2
RETI	RETI	从中断服务子程序返回	1	2
AJMP	AJMP　add11	无条件绝对转移	2	2
LJMP	LJMP　add16	无条件长转移	3	2
SJMP	SJMP　rel	无条件相对转移	2	2

布尔指令

CLR	CLR　C	清进位位	1	1
	CLR　bit	清直接寻址位	2	1
SETB	SETB　C	置位进位位	1	1
	SETB　bit	置位直接寻址位	2	1
CPL	CPL　C	取反进位位	1	1
	CPL　bit	取反直接寻址位	2	1
ANL	ANL　C, bit	直接寻址位"与"到进位位	2	2
	ANL　C, /bit	直接寻址位的反码"与"到进位位	2	2
ORL	ORL　C, bit	直接寻址位"或"到进位位	2	2
	ORL　C, /bit	直接寻址位的反码"或"到进位位	2	2
MOV	MOV　C, bit	直接寻址位传送到进位位	2	1
	MOV　bit, C	进位位传送到直接寻址	2	2
JC	JC　rel	如果进位位为1则转移	2	2
JNC	JNC　rel	如果进位位为0则转移	2	2
JB	JB　bit, rel	如果直接寻址位为1则转移	3	2
JNB	JNB　bit, rel	如果直接寻址位为0则转移	3	2
JBC	JBC　bit, rel	直接寻址位为1则转移并清除该位	2	2

伪指令

ORG		指明程序的开始位置		

续表

单片机指令系统

符号	举例	说明	字节	周期
DB		定义数据表		
DW		定义 16 位的地址表		
EQU		给一个表达式或一个字符串起名(等值)		
DATA		给一个 8 位的内部 RAM 起名		
XDATA		给一个 8 位的外部 RAM 起名		
BIT		给一个可位寻址的位单元起名		
EDN		指出源程序到此为止		

指令中的符号标识

Rn	工作寄存器 R0-R7
Ri	工作寄存器 R0 和 R1
@Ri	间接寻址的 8 位 RAM 单元地址(00H-FFH)
♯data8	8 位常数
♯data16	16 位常数
addr16	16 位目标地址，能转移或调用到 64KROM 的任何地方
addr11	11 位目标地址，在下条指令的 2K 范围内转移或调用
rel	8 位偏移量，用于 SJMP 和所有条件转移指令，范围－128～＋127
bit	片内 RAM 中的可寻址位和 SFR 的可寻址位
direct	直接地址，范围片内 RAM 单元 00H－7FH 和 80H－FFH
$	指本条指令的起始位置

附录 B ASCII 编码对照表

ASCII 值		字符	ASCII 值		字符	ASCII 值		字符
Decimal	Hex		Decimal	Hex		Decimal	Hex	
000	000	NUL	028	01C	FS	056	038	8
001	001	SOH(˄A)	029	01D	GS	057	039	9
002	002	STX(˄B)	030	01E	RS	058	03A	
003	003	ETX(˄C)	031	01F	US	059	03B	
004	004	EOT(˄D)	032	020	（空格）	060	03C	<
005	005	ENQ(˄E)	033	021	!	061	03D	=
006	006	ACK(˄F)	034	022	"	062	03E	>
007	007	BEL(Bell)	035	023	#	063	03F	?
008	008	BS(˄H)	036	024	$	064	040	@
009	009	HT(˄I)	037	025	%	065	041	A
010	00A	LF(˄J)	038	026	&	066	042	B
011	00B	VT(˄K)	039	027	'	067	043	C
012	00C	FF(˄L)	040	028	(	068	044	D
013	00D	CR(˄M)	041	029	)	069	045	E
014	00E	SO(˄N)	042	02A	*	070	046	F
015	00F	SI(˄O)	043	02B	+	071	047	G
016	010	DLE(˄P)	044	02C	,	072	048	H
017	011	DC1(˄Q)	045	02D	—	073	049	I
018	012	DC2(˄R)	046	02E	.	074	04A	J
019	013	DC3(˄S)	047	02F	/	075	04B	K
020	014	DC4(˄T)	048	030	0	076	04C	L
021	015	NAK(˄U)	049	031	1	077	04D	M
022	016	SYN(˄V)	050	032	2	078	04E	N
023	017	ETB(˄W)	051	033	3	079	04F	O
024	018	CAN(˄X)	052	034	4	080	050	P
025	019	EM(˄Y)	053	035	5	081	051	Q
026	01A	SUB(˄Z)	054	036	6	082	052	R
027	01B	ESC	055	037	7	083	053	S

续表

ASCII 值		字符	ASCII 值		字符	ASCII 值		字符
Decimal	Hex		Decimal	Hex		Decimal	Hex	
084	054	T	114	072	r	144	090	É
085	055	U	115	073	s	145	091	æ
086	056	V	116	074	t	146	092	Æ
087	057	W	117	075	u	147	093	ô
088	058	X	118	076	v	148	094	ö
089	059	Y	119	077	w	149	095	ò
090	05A	Z	120	078	x	150	096	û
091	05B	[	121	079	y	151	097	ù
092	05C	\	122	07A	z	152	098	ÿ
093	05D	]	123	07B	{	153	099	ö
094	05E	ˆ	124	07C	|	154	09A	Ü
095	05F	_	125	07D	}	155	09B	ø
096	060	`	126	07E	~	156	09C	£
097	061	a	127	07F	DEL	157	09D	Ø
098	062	b	128	080	Ç	158	09E	×
099	063	c	129	081	ü	159	09F	ƒ
100	064	d	130	082	é	160	0A0	á
101	065	e	131	083	â	161	0A1	í
102	066	f	132	084	ä	162	0A2	ó
103	067	g	133	085	à	163	0A3	ú
104	068	h	134	086	å	164	0A4	ñ
105	069	i	135	087	ç	165	0A5	Ñ
106	06A	j	136	088	ê	166	0A6	a
107	06B	k	137	089	ë	167	0A7	o
108	06C	l	138	08A	è	168	0A8	¿
109	06D	m	139	08B	ï	169	0A9	®
110	06E	n	140	08C	Î	170	0AA	¬
111	06F	o	141	08D	ì	171	0AB	½
112	070	p	142	08E	Ä	172	0AC	¼
113	071	q	143	08F	Å	173	0AD	¡

单片机技术及应用

续表

ASCII 值		字符	ASCII 值		字符	ASCII 值		字符
Decimal	Hex		Decimal	Hex		Decimal	Hex	
174	0AE	《	202	0CA	─	230	0E6	μ
175	0AF	》	203	0CB	─	231	0E7	ъ
176	0B0	─	204	0CC	¦	232	0E8	ъ
177	0B1	─	205	0CD	─	233	0E9	ú
178	0B2	─	206	0CE	┼	234	0EA	Ŭ
179	0B3	¦	207	0DF	¤	235	0EB	Ù
180	0B4	¦	208	0D0	ð	236	0EC	ý
181	0B5	Á	209	0D1	Đ	237	0ED	Ý
182	0B6	Â	210	0D2	Ê	238	0EE	¯
183	0B7	À	211	0D3	Ë	239	0FF	
184	0B8	©	212	0D4	È	240	0F0	
185	0B9	¦	213	0D5	í′	241	0F1	±
186	0BA	¦	214	0D6	Í	242	0F2	─
187	0BB	┼	215	0D7	Î	243	0F3	¾
188	0BC	┼	216	0D8	Ï	244	0F4	¶
189	0BD	¢	217	0D9	┼	245	0F5	§
190	0BE	¥	218	0DA	┼	246	0F6	÷
191	0BF	┼	219	0DB	_	247	0F7	,
192	0C0	┼	220	0DC	_	248	0F8	°
193	0C1	─	221	0DD	¦	249	0F9	¨
194	0C2	─	222	0DE	Ì	250	0FA	•
195	0C3	┼	223	0EF	─	251	0FB	¹
196	0C4	─	224	0E0	Ó	252	0FC	³
197	0C5	┼	225	0E1	β	253	0FD	²
198	0C6	ã	226	0E2	Ô	254	0FE	─
199	0C7	Ã	227	0E3	Ò			
200	0C8	┼	228	0E4	ō			
201	0C9	┼	229	0E5	Õ			

参 考 文 献

[1] 李文方. 单片机原理与应用[M]. 哈尔滨：哈尔滨工业大学出版社，2010.

[2] 王立萍. MCS-51 单片机原理与接口技术[M]. 长春：东北师范大学出版社，2010.

[3] 张鑫. 单片机原理及应用[M]. 2 版. 北京：电子工业出版社，2010.

[4] 张毅刚. 单片机原理与应用设计[M]. 北京：电子工业出版社，2008.

[5] 何立民. 单片机应用系统设计系统配置与接口技术[M]. 北京：北京航空航天大学出版社，2001.

[6] 周立功. 单片机实验与实践教程[M]. 3 版. 北京：北京航空航天大学出版社，2006.

[7] 胡汉才. 单片机原理及其接口技术[M]. 3 版. 北京：清华大学出版社，2010.

[8] 胡汉才. 单片机原理及其接口技术学习辅导与实践教程[M]. 北京：清华大学出版社，2010.

[9] 张义和. 例说 51 单片机(C 语言版)[M]. 北京：人民邮电出版社，2008.

[10] 周景润，等. 基于 PROTEUS 的电路及单片机设计与仿真[M]. 2 版. 北京：北京航空航天大学出版社，2010.

[11] 张培仁，等. 基于 C 语言编程 MCS-51 单片机原理与应用[M]. 北京：清华大学出版社，2003.

北京大学出版社高职高专机电系列规划教材

序号	书号	书名	编著者	定价	出版日期
机械类基础课					
1	978-7-301-10464-2	工程力学	余学进	18.00	2008.1 第3次印刷
2	978-7-301-13653-9	工程力学	武昭晖	25.00	2011.2 第3次印刷
3	978-7-301-13655-3	工程制图	马立克	32.00	2008.8
4	978-7-301-13654-6	工程制图习题集	马立克	25.00	2008.8
5	978-7-301-13574-7	机械制造基础	徐从清	32.00	2012.7 第3次印刷
6	978-7-301-13573-0	机械设计基础	朱凤芹	32.00	2008.8
7	978-7-301-13656-0	机械设计基础	时忠明	25.00	2012.7 第3次印刷
8	978-7-301-13662-1	机械制造技术	宁广庆	42.00	2010.11 第2次印刷
9	978-7-301-19848-3	机械制造综合设计及实训	裴俊彦	37.00	2013.4
10	978-7-301-19297-9	机械制造工艺及夹具设计	徐 勇	28.00	2011.8
11	978-7-301-13260-9	机械制图	徐 萍	32.00	2009.8 第2次印刷
12	978-7-301-13263-0	机械制图习题集	吴景淑	40.00	2009.10 第2次印刷
13	978-7-301-18357-1	机械制图	徐连孝	27.00	2012.9 第2次印刷
14	978-7-301-18143-0	机械制图习题集	徐连孝	20.00	2013.4 第2次印刷
15	978-7-301-15692-6	机械制图	吴百中	26.00	2012.7 第2次印刷
16	978-7-301-22916-3	机械图样的识读与绘制	刘永强	36.00	2013.8
17	978-7-301-23354-2	AutoCAD 应用项目化实训教程	王利华	42.00	2014.1
18	978-7-301-17122-6	AutoCAD 机械绘图项目教程	张海鹏	36.00	2013.8 第3次印刷
19	978-7-301-17573-6	AutoCAD 机械绘图基础教程	王长忠	32.00	2013.8 第2次印刷
20	978-7-301-19010-4	AutoCAD 机械绘图基础教程与实训(第2版)	欧阳全会	36.00	2014.1 第3次印刷
21	978-7-301-17609-2	液压传动	龚肖新	22.00	2010.8
22	978-7-301-20752-9	液压传动与气动技术(第2版)	曹建东	40.00	2014.1 第2次印刷
23	978-7-301-13582-2	液压与气压传动技术	袁 广	24.00	2013.8 第5次印刷
24	978-7-301-19436-2	公差与测量技术	余 键	25.00	2011.9
25	978-7-5038-4861-2	公差配合与测量技术	南秀蓉	23.00	2011.12 第4次印刷
26	978-7-301-19374-7	公差配合与技术测量	庄佃霞	26.00	2013.8 第2次印刷
27	978-7-301-13652-2	金工实训	柴增田	22.00	2013.1 第4次印刷
28	978-7-301-13651-5	金属工艺学	柴增田	27.00	2011.6 第2次印刷
29	978-7-301-17608-5	机械加工工艺编制	于爱武	45.00	2012.2 第2次印刷
30	978-7-301-23868-4	机械加工工艺编制与实施(上册)	于爱武	42.00	2014.2
31	978-7-301-21988-1	普通机床的检修与维护	宋亚林	33.00	2013.1
32	978-7-5038-4869-8	设备状态监测与故障诊断技术	林英志	22.00	2011.8 第3次印刷
33	978-7-301-22116-7	机械工程专业英语图解教程(第2版)	朱派龙	48.00	2013.9
34	978-7-301-23198-2	生产现场管理	金建华	38.00	2013.9
数控技术类					
1	978-7-301-17707-5	零件加工信息分析	谢 蕾	46.00	2010.8
2	978-7-301-17148-6	普通机床零件加工	杨雪青	26.00	2013.8 第2次印刷
3	978-7-301-17679-5	机械零件数控加工	李 文	38.00	2010.8
4	978-7-301-13659-1	CAD/CAM 实体造型教程与实训 (Pro/ENGINEER 版)	诸小丽	38.00	2012.1 第3次印刷

序号	书号	书名	编著者	定价	出版日期
5	978-7-301-17557-6	CAD/CAM 数控编程项目教程(UG 版)	慕 灿	45.00	2012.4 第 2 次印刷
6	978-7-5038-4865-0	CAD/CAM 数控编程与实训(CAXA 版)	刘玉春	27.00	2011.2 第 3 次印刷
7	978-7-301-21873-0	CAD/CAM 数控编程项目教程(CAXA 版)	刘玉春	42.00	2013.3
8	978-7-301-13261-6	微机原理及接口技术(数控专业)	程 艳	32.00	2008.1
9	978-7-5038-4866-7	数控技术应用基础	宋建武	22.00	2010.7 第 2 次印刷
10	978-7-301-13262-3	实用数控编程与操作	钱东东	32.00	2013.8 第 4 次印刷
11	978-7-301-14470-1	数控编程与操作	刘瑞已	29.00	2011.2 第 2 次印刷
12	978-7-301-20312-5	数控编程与加工项目教程	周晓宏	42.00	2012.3
13	978-7-301-23898-1	数控加工编程与操作实训教程(数控车分册)	王忠斌	36.00	2014.6
14	978-7-301-20945-5	数控铣削技术	陈晓罗	42.00	2012.7
15	978-7-301-21053-6	数控车削技术	王军红	28.00	2012.8
16	978-7-301-17398-5	数控加工技术项目教程	李东君	48.00	2010.8
17	978-7-301-21119-9	数控机床及其维护	黄应勇	38.00	2012.8
18	978-7-301-20002-5	数控机床故障诊断与维修	陈学军	38.00	2012.1
模具设计与制造类					
1	978-7-301-13258-6	塑模设计与制造	晏志华	38.00	2007.8
2	978-7-301-23892-9	注射模设计方法与技巧实例精讲	邹继强	54.00	2014.2
3	978-7-301-18471-4	冲压工艺与模具设计	张 芳	39.00	2011.3
4	978-7-301-19933-6	冷冲压工艺与模具设计	刘洪贤	32.00	2012.1
5	978-7-301-20414-6	Pro/ENGINEER Wildfire 产品设计项目教程	罗 武	31.00	2012.5
6	978-7-301-16448-8	Pro/ENGINEER Wildfire 设计实训教程	吴志清	38.00	2012.8
7	978-7-301-22678-0	模具专业英语图解教程	李东君	22.00	2013.7
电气自动化类					
1	978-7-301-18519-3	电工技术应用	孙建领	26.00	2011.3
2	978-7-301-17569-9	电工电子技术项目教程	杨德明	32.00	2012.4 第 2 次印刷
3	978-7-301-22546-2	电工技能实训教程	韩亚军	22.00	2013.6
4	978-7-301-22923-1	电工技术项目教程	徐超明	38.00	2013.8
5	978-7-301-12390-4	电力电子技术	梁南丁	29.00	2010.7 第 2 次印刷
6	978-7-301-17730-3	电力电子技术	崔 红	23.00	2010.9
7	978-7-301-12182-5	电工电子技术	李艳新	29.00	2007.8
8	978-7-301-19525-3	电工电子技术	倪 涛	38.00	2011.9
9	978-7-301-12392-8	电工与电子技术基础	卢菊洪	28.00	2007.9
10	978-7-301-16830-1	维修电工技能与实训	陈学平	37.00	2010.7
11	978-7-301-12180-1	单片机开发应用技术	李国兴	21.00	2010.9 第 2 次印刷
12	978-7-301-20000-1	单片机应用技术教程	罗国荣	40.00	2012.2
13	978-7-301-21055-0	单片机应用项目化教程	顾亚文	32.00	2012.8
14	978-7-301-17489-0	单片机原理及应用	陈高锋	32.00	2012.9
15	978-7-301-24281-0	单片机技术及应用	黄贻培	30.00	2014.7
16	978-7-301-22390-1	单片机开发与实践教程	宋玲玲	24.00	2013.6
17	978-7-301-17958-1	单片机开发入门及应用实例	熊华波	30.00	2011.1
18	978-7-301-16898-1	单片机设计应用与仿真	陆旭明	26.00	2012.4 第 2 次印刷
19	978-7-301-19302-0	基于汇编语言的单片机仿真教程与实训	张秀国	32.00	2011.8

序号	书号	书名	编著者	定价	出版日期
20	978-7-301-12181-8	自动控制原理与应用	梁南丁	23.00	2012.1 第 3 次印刷
21	978-7-301-19638-0	电气控制与 PLC 应用技术	郭 燕	24.00	2012.1
22	978-7-301-18622-0	PLC 与变频器控制系统设计与调试	姜永华	34.00	2011.6
23	978-7-301-19272-6	电气控制与 PLC 程序设计(松下系列)	姜秀玲	36.00	2011.8
24	978-7-301-12383-6	电气控制与 PLC(西门子系列)	李 伟	26.00	2012.3 第 2 次印刷
25	978-7-301-18188-1	可编程控制器应用技术项目教程(西门子)	崔维群	38.00	2013.6 第 2 次印刷
26	978-7-301-23432-7	机电传动控制项目教程	杨德明	40.00	2014.1
27	978-7-301-12382-9	电气控制及 PLC 应用(三菱系列)	华满香	24.00	2012.5 第 2 次印刷
28	978-7-301-14469-5	可编程控制器原理及应用（三菱机型）	张玉华	24.00	2009.3
29	978-7-301-22315-4	低压电气控制安装与调试实训教程	张 郭	24.00	2013.4
30	978-7-301-22672-8	机电设备控制基础	王本轶	32.00	2013.7
31	978-7-301-18770-8	电机应用技术	郭宝宁	33.00	2011.5
32	978-7-301-17324-4	电机控制与应用	魏润仙	34.00	2010.8
33	978-7-301-21269-1	电机控制与实践	徐 锋	34.00	2012.9
34	978-7-301-12389-8	电机与拖动	梁南丁	32.00	2011.12 第 2 次印刷
35	978-7-301-18630-5	电机与电力拖动	孙英伟	33.00	2011.3
36	978-7-301-16770-0	电机拖动与应用实训教程	任娟平	36.00	2012.11
37	978-7-301-22632-2	机床电气控制与维修	崔兴艳	28.00	2013.7
38	978-7-301-22917-0	机床电气控制与 PLC 技术	林盛昌	36.00	2013.8
39	978-7-301-18470-7	传感器检测技术及应用	王晓敏	35.00	2012.7 第 2 次印刷
40	978-7-301-20654-6	自动生产线调试与维护	吴有明	28.00	2013.1
41	978-7-301-21239-4	自动生产线安装与调试实训教程	周 洋	30.00	2012.9
42	978-7-301-19319-8	电力系统自动装置	王 伟	24.00	2011.8
43	978-7-301-18852-1	机电专业英语	戴正阳	28.00	2013.8 第 2 次印刷

相关教学资源如电子课件、电子教材、习题答案等可以登录 www.pup6.com 下载或在线阅读。

扑六知识网(www.pup6.com)有海量的相关教学资源和电子教材供阅读及下载(包括北京大学出版社第六事业部的相关资源)，同时欢迎您将教学课件、视频、教案、素材、习题、试卷、辅导材料、课改成果、设计作品、论文等教学资源上传到 pup6.com，与全国高校师生分享您的教学成就与经验，并可自由设定价格，知识也能创造财富。具体情况请登录网站查询。

如您需要免费纸质样书用于教学，欢迎登录第六事业部门户网(www.pup6.cn)填表申请，并欢迎在线登记选题以到北京大学出版社来出版您的大作，也可下载相关表格填写后发到我们的邮箱，我们将及时与您取得联系并做好全方位的服务。

扑六知识网将打造成全国最大的教育资源共享平台，欢迎您的加入——让知识有价值，让教学无界限，让学习更轻松。

联系方式：010-62750667，xc96181@163.com，欢迎来电来信。